Erwin Dee Kord (Hrsg.)

Bivona

Erwin Dee Kord (Hrsg.)

Bivona

Italien, Autonome Region Sizilien, Provinz Agrigent, Agrigent, Alessandria della Rocca, Castronovo di Sicilia

Solv

Imprint

Publisher:
Solv is a trademark of
International Book Market Service Ltd., 17 Rue Meldrum, Beau Bassin, 1713-01 Mauritius
Email: info@bookmarketservice.com
Website: www.bookmarketservice.com

Published in 2011

Printed in: U.S.A., U.K., Germany. This book was not produced in Mauritius.

ISBN: 978-613-9-35838-0

Contents

Articles

Bivona 1
Italien 3
Autonome_Region_Sizilien 37
Provinz_Agrigent 43
Agrigent 45
Alessandria_della_Rocca 49
Calamonaci 51
Castronovo_di_Sicilia 52
Provinz_Palermo 54
Cianciana 56
Lucca_Sicula 58
Palazzo_Adriano 59
Ribera 61
Santo_Stefano_Quisquina 63
Sciacca 65
Aragona 67
Burgio 69
Caltabellotta 71
Camastra 73
Cammarata 75

References

Article Sources and Contributors 77
Image Sources, Licenses and Contributors 78

Bivona

Bivona	
	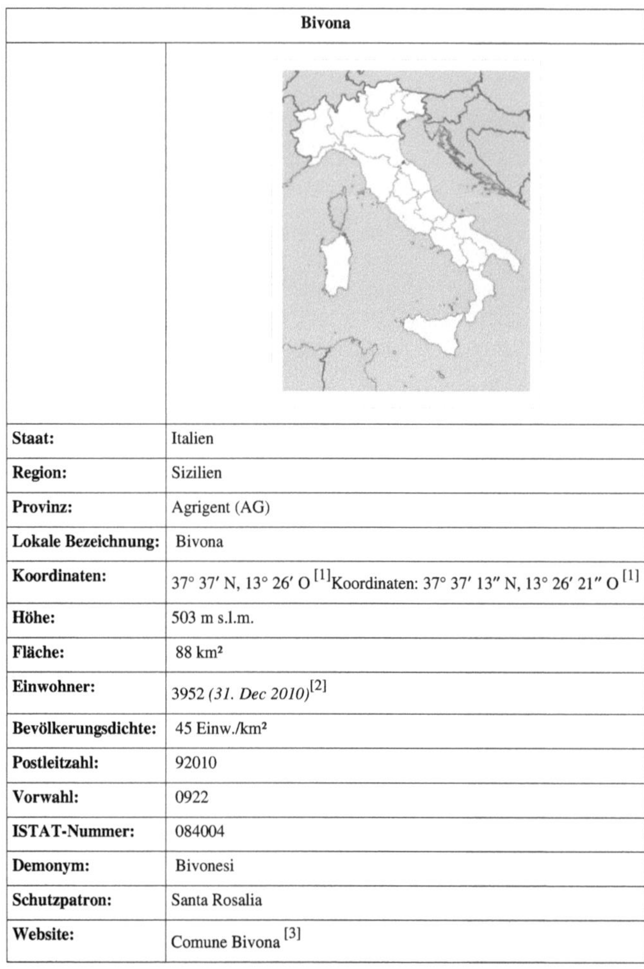
Staat:	Italien
Region:	Sizilien
Provinz:	Agrigent (AG)
Lokale Bezeichnung:	Bivona
Koordinaten:	37° 37′ N, 13° 26′ O [1]Koordinaten: 37° 37′ 13″ N, 13° 26′ 21″ O [1]
Höhe:	503 m s.l.m.
Fläche:	88 km²
Einwohner:	3952 *(31. Dec 2010)*[2]
Bevölkerungsdichte:	45 Einw./km²
Postleitzahl:	92010
Vorwahl:	0922
ISTAT-Nummer:	084004
Demonym:	Bivonesi
Schutzpatron:	Santa Rosalia
Website:	Comune Bivona [3]

Bivona ist eine Stadt in der Provinz Agrigent in der Region Sizilien in Italien.

Lage und Daten

Bivona liegt 62 km nordwestlich von Agrigent. Hier wohnen 3952 Einwohner (Stand 31. Dezember 2010), die hauptsächlich in der Landwirtschaft arbeiten. Es werden Zitrusfrüchte, Weizen, Oliven und Getreide angebaut.

Die Nachbargemeinden sind Alessandria della Rocca, Calamonaci, Castronovo di Sicilia (PA), Cianciana, Lucca Sicula, Palazzo Adriano (PA), Ribera und Santo Stefano Quisquina.

Geschichte

Bivona wurde 1172 das erste Mal erwähnt. Im 14. Jahrhundert wurde hier ein Ort gegründet und ein Kastell gebaut. 1374 ist Bivona an die Familie Chiaromonte gegangen, danach an die Familie Peralta und der De Luna. 1529 gab es eine blutige Auseinandersetzung mit der Familie Peralta aus Sciacca und aus Bivona.

Sehenswürdigkeiten

Die Pfarrkirche wurde im 14. Jahrhundert von der Familie Chiaromonte errichtet, sehenswert ist das Hauptportal. Die Kirche San Bartelomeo hat ebenfalls ein sehenswertes Portal, welches aus dem 16. Jahrhundert stammt.

Marktplatz von Bivona

Portal aus normannischer Zeit

Die Umgebung von Bivona

Einzelnachweise

[1] http://toolserver.org/~geohack/geohack.php?pagename=Bivona&language=de¶ms=37.6202777778_N_13.4391666667_E_dim:10000_region:IT-AG_type:city(3952)

[2] *Statistiche demografiche ISTAT* (http://demo.istat.it/bil2010/index04.html). Bevölkerungsstatistiken des Istituto Nazionale di Statistica vom 31. Dezember 2010.

[3] http://www.comune.bivona.ag.it/

Weblinks

- Offizielle Seite der Gemeinde Bivona (http://www.bivona.net/) (italienisch)
- Katholische Kirche von Bivona (http://www.chiesabivona.it/) (italienisch)

Italien

Repubblica Italiana
Italienische Republik

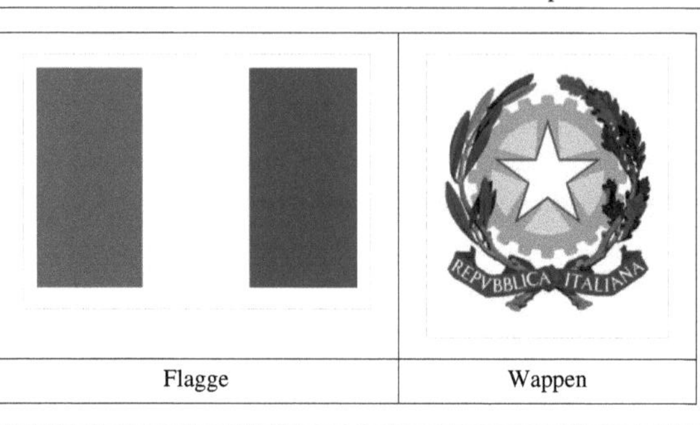

Flagge	Wappen

Amtssprache	Italienisch Regional auch Deutsch, Französisch, Ladinisch und Slowenisch[1]
Hauptstadt	Rom
Staatsform	Parlamentarische Republik
Staatsoberhaupt	Präsident Giorgio Napolitano
Regierungschef	Ministerratspräsident Mario Monti[1]
Fläche	301.338 km²
Einwohnerzahl	60.626.442 (1. Januar 2011)[2]
Bevölkerungsdichte	201,19 Einwohner pro km²
Bruttoinlandsprodukt • Total (PPP) • Total (Nominal) • BIP/Einw. (PPP) • BIP/Einw. (Nominal)	2010[3] • $ 1.773.547 Mio. (10.) • $ 2.055.114 Mio. (8.) • $ 29.392 (28.) • $ 34.059 (23.)
Human Development Index	0,854 (23.)[4]
Währung	Euro, Schweizer Franken (ausschließlich in der Exklave Campione d'Italia)
Gründung	1861[2]
Nationalhymne	*Fratelli d'Italia*
Nationalfeiertag	25. April, 2. Juni
Zeitzone	UTC+1 MEZ UTC+2 MESZ (März bis Oktober)
Kfz-Kennzeichen	I
Internet-TLD	.it
Telefonvorwahl	+39[3]

[1] Mehr dazu siehe Sprachen
[2] 1866 Venedig zu Italien, 1870 Rom, nach dem Ersten Weltkrieg Trient und Triest
[3] In Campione d'Italia die Schweizer Vorwahl +41

Italien (italienisch *Italia*; amtlich: **Italienische Republik**, italienisch *Repubblica Italiana*) ist eine Republik in Europa, die zum größten Teil auf der vom Mittelmeer umschlossenen Apenninhalbinsel liegt. Ihre Hauptstadt ist Rom.

Das Gebiet des heutigen Italiens war in der Antike die Kernregion des Römischen Reiches mit Rom als Hauptstadt. Die heute italienische Toskana war das Kernland der Renaissance. Seit dem Risorgimento besteht der moderne italienische Staat.

Geografie

Italien liegt überwiegend auf einer Halbinsel, welche an die Form eines Stiefels erinnert. Die maximale Nord-Süd-Ausdehnung beträgt rund 1.200 km.[5] Angrenzende Staaten sind Frankreich (Länge der gemeinsamen Staatsgrenze: 488 km), die Schweiz (734,2 km), Österreich (430 km), Slowenien (232 km) sowie die Enklaven San Marino (39 km) und die Vatikanstadt (3 km). Italien besitzt mit Campione d'Italia eine Exklave in der Schweiz.

Morphologie

Der Gran Paradiso im Aostatal

Der Gebirgszug des Apennins durchzieht das Land entlang der Längsachse und erreicht seine größte Höhe im Gran Sasso (2.912 m). Im Norden gehört ein großer Teil der Alpen zu Italien: Höchster Gipfel ist der Mont Blanc (Monte Bianco) mit 4.810 m,[6] an der Grenze zu Frankreich. Das höchste Bergmassiv, das vollständig auf italienischem Boden steht, ist der Gran Paradiso mit 4.061 m in den Grajischen Alpen.

Entlang der Westküste Italiens ziehen sich von Norden in Richtung Süden unter anderem die Italienische Riviera in Ligurien und den Golf von Neapel in Kampanien. Die Ostküste wird von Triest bis zum Gargano im Norden Apuliens (nach anderen Darstellungen: bis zur Straße von Otranto) als die Italienische Adriaküste bezeichnet. Die gesamte Küstenlänge beträgt 7.375 km.

Die Poebene (ital. Pianura Padana) im Norden ist mit einem Flächenausmaß von 50.000 km² die größte Ebene Italiens.

Gewässer

Hydrografisch gehört Italien fast ausschließlich zum Mittelmeer. Einzig das Tal des Lago di Livigno und der oberste Teil des Val d'Uina entwässern via Inn und Donau ins Schwarze Meer. Dorthin entwässert ebenfalls die Drau, die im Pustertal in Südtirol entspringt, sowie die Gailitz, die das Gebiet um Tarvis durchfließt. Ferner entwässert das Tal des Lago di Lei über den Rhein in die Nordsee. Die längsten Flüsse sind Po (652 km), Etsch (410 km) und Tiber (405 km), gefolgt von Adda und Oglio. Zu den größten italienischen Seen zählen der Gardasee, der Lago Maggiore und der Comer See in Oberitalien sowie der Bolsenasee und der Trasimenische See in Mittelitalien.

Gardasee, Nago-Torbole

Inseln

Zu Italien gehören die Mittelmeerinseln Sizilien und Sardinien sowie die Inselgruppen der Liparischen und Ägadischen Inseln nördlich bzw. westlich von Sizilien. Rund um Sardinien liegen zahlreiche kleine Inseln, unter anderem Sant'Antioco, Asinara, San Pietro und die Inselgruppe La Maddalena. Die Pontinischen Inseln erstrecken sich vor der Küste Latiums. Im Tyrrhenischen Meer befinden sich zudem der Kampanische Archipel (darunter die Insel Capri) und der Toskanische Archipel (auch Elba). In der Adria liegen die Tremiti-Inseln. Die Pelagischen Inseln, zu denen auch Lampedusa gehört, und die Insel Pantelleria gehören geologisch bereits zu Afrika.

Vulkane

Neben dem Vesuv auf dem italienischen Festland stehen auf italienischen Inseln gleich zwei weitere bekannte Vulkane, der Ätna und der Stromboli.

Eruption des Ätnas im Jahre 2002, fotografiert aus der ISS

Klima

Italien gehört zur gemäßigten Klimazone. Nur vereinzelt steigen die Temperaturen über 40 Grad im Sommer bzw. unter minus 10 Grad im Winter. Dabei ist das Klima regional ziemlich unterschiedlich.[7]

Norditalien wird von den Alpen und dem toskanisch-emilianischen Appennin umsäumt, wodurch der Einfluss des Mittelmeeres auf das Klima nicht spürbar ist. Die Winter sind kalt, in den Städten der Po-Ebene kommt es mitunter zu Schneefällen; die Sommer sind sehr warm oder heiß, die Luftfeuchtigkeit ist hoch. Mittelitalien hat ein vergleichsweise mildes Klima, die Temperaturschwankungen sind nicht so hoch wie im Norden.

Der Süden und die italienischen Inseln haben ein allgemein warmes, mediterranes Klima. Die geringe Niederschlagshäufigkeit kann dort zu Trockenperioden führen. Die Winter sind nicht zu kalt, Herbst und Frühjahr haben sommerliche Temperaturen.

In den Alpen und im Appennin herrscht aufgrund der großen Höhen ein meist kaltes Gebirgsklima, die Sommer fallen dort hingegen mild aus. Auf der Pala di San Martino im Trentino wurde im Dezember 2010 mit minus 48,3 Grad ein neuer italienischer Kälterekord gemessen. Die Höchsttemperatur von 47,0 Grad wurde im Juni 2007 an der Wetterstation Foggia Amendola in Apulien festgestellt.

Geologie

Auf Grund der geologischen Verhältnisse kommt es in Italien immer wieder zu Erdbeben. Das verheerendste Beben des 20. Jahrhunderts mit einer Stärke von 7,2 auf der Richterskala ereignete sich in Messina und Reggio Calabria im Jahre 1908 und verursachte bis zu 120.000 Tote. 1915 bebte die Erde bei Avezzano in den Abruzzen und forderte 30.000 Menschenleben. Die süditalienische Region Irpinia wurde 1980 von mehreren starken Beben getroffen, deren Ausläufer von Portici bei Neapel bis nach Potenza in der Basilikata reichten; dabei kamen etwa 3.000 Menschen um. Am 31. Oktober 2002 kam es zu einem kräftigen Beben in San Giuliano di Puglia (Region Molise): 30 Menschen, davon 27 Kinder, wurden in den Trümmern eines eingestürzten Schulgebäudes verschüttet. Auch Norditalien bleibt nicht von Erbeben verschont. Das katastrophale Erdbeben, das sich 1976 im Friaul ereignete, kostete 965 Menschenleben. Zudem haben sich weitere kleinere Beben ereignet, bei denen es meistens nur Sachschäden, leider aber auch Tote zu verzeichnen gab.

Das letzte verheerende Erdbeben mit einer Stärke von 5,9 auf der Richterskala ereignete sich am 6. April 2009 in der Region Abruzzen. Das Erdbeben forderte in der Provinz L'Aquila 298 Opfer und zerstörte zahlreiche Gebäude und ganze Dörfer.[8]

Naturparks

Derzeit gibt es in Italien 24 Nationalparks mit einer Gesamtfläche von rund 1.500.000 ha (15.000 km²), das entspricht etwa 5 % des Staatsgebietes. Der Nationalpark Gran Paradiso wurde als erster im Jahr 1922 eingerichtet. Größter Naturpark ist der Nationalpark Pollino, der sich über 190.000 ha in den süditalienischen Regionen Kalabrien und Basilikata erstreckt.

Der Nationalpark Pollino, der größte Italiens

Darüber hinaus sind 134 Regionalparks eingerichtet worden, mit einer Fläche von 1.300.000 ha (13.000 km²). Damit stehen weitere 4 % der Landesfläche unter besonderem Schutz.

Bevölkerung

Italien hat eine Einwohnerzahl von 60.626.442 Einwohnern (zum 1. Januar 2011) und rangiert in der Weltrangliste auf Platz 23, innerhalb der Europäischen Union liegt das Land auf dem vierten Rang hinter Deutschland, Frankreich und dem Vereinigten Königreich.

Stadt- und Landbevölkerung

Rund 67 % der Einwohner Italiens, vornehmlich im Norden, leben in Städten. Vor allem von 1950 bis 1960 herrschte eine starke Abwanderung aus den unterentwickelten Landregionen in die Städte (Landflucht). Seit den 1980er Jahren hat sich dieser Trend zu Gunsten der Vororte und Kleinstädte umgekehrt (Suburbanisierung).

In der Zeit von 1951 und 1974 kam es darüber hinaus zu einer starken Binnenwanderung nach Norditalien: etwa 4 Millionen Süditaliener wanderten in die Industriezentren im Norden aus.[9]

Die größten Metropolregionen

Die Tabelle zeigt die zehn größten Metropolregionen.[10]

Rang	Metropolregion	Bevölkerung (2007)	Fläche in km²	Dichte in Ew./km²
1.	Mailand	8.047.125	8.362,1	965,6
2.	Neapel	4.996.084	3.841,7	1.300,5
3.	Rom	4.339.112	4.766,3	910,4
4.	Venedig-Padua-Verona	3.267.420	6.679,6	489,2
5.	Bari-Tarent-Lecce	2.603.831	6.127,7	424,9
6.	Rimini-Pesaro-Ancona	2.359.068	5.404,8	436,5
7.	Turin	1.997.975	1.976,8	1.010,7
8.	Bologna-Piacenza	1.944.401	3.923,6	495,6
9.	Florenz-Pisa-Siena	1.760.737	3.795,9	629.8
10.	Messina-Catania-Syrakus	1.693.173	2.411,7	702,1

Gesundheit

Italien hat eine der höchsten Lebenserwartungen der Welt. Sie betrug im Jahr 2005 80,4 Jahre und liegt folglich ungefähr zwei Jahre über dem OECD-Durchschnitt von 78,6.[11] Italien liegt damit an siebter Stelle unter allen OECD-Staaten. Die Lebenserwartung beträgt für Frauen rund 83 Jahre, für Männer 78. Ungefähr 19 % der Italiener sind älter als 65 Jahre. Gelegentlich wird die hohe Lebenserwartung auf die mediterrane Kost zurückgeführt, die beispielsweise viel Fisch, Olivenöl und Gemüse enthält.

Trotzdem lässt sich auch in Italien, wie in so gut wie allen OECD-Staaten, ein Anstieg des Anteils übergewichtiger Personen beobachten. So stieg dieser Wert von 7,0 % im Jahr 1994 auf 9,9 % im Jahr 2005 (in Deutschland lag diese Quote im selben Jahr bei 13,6 %).[11] Mittlerweile gibt es auch in Italien eigene Krankenhausstrukturen für diese Personengruppe.

Die Kindersterblichkeit lag in Italien 2005 bei 4,7 ‰ (OECD: 5,4 ‰).[11]

Der Anteil täglicher Raucher fiel im Vergleichszeitraum 1990 bis 2005 von 27,8 % auf 22,3 % (OECD: 24,3 %).[11] Seit 10. Januar 2005 gilt außerdem ein generelles Rauchverbot in allen öffentlich zugänglichen Gebäuden. Wer trotzdem raucht, muss mit Bußgeldern zwischen 27,50 und 275 Euro rechnen, Wirte, die nicht für die Einhaltung des Verbots sorgen, mit 220 bis 2200 Euro.

Religion

Italien ist ein katholisch geprägtes Land. Die katholische Kirche in Italien ist traditionell einflussreich, was sich in einer hohen Zahl an Priestern (51.259), Bischöfen (155) und Kardinälen (38) widerspiegelt.[12]

Die Lateranbasilika, Sitz des Bistums Rom

51 Millionen Italiener bekennen sich zum katholischen Glauben. Die zweitgrößte christliche Glaubensgemeinschaft bilden die Orthodoxen, mit 1.187.130 Anhängern: Deren Anteil ist durch die Einwanderung von Rumänen besonders stark gestiegen. Die Protestanten (unter anderem Waldenser und Baptisten) sind mit 547.825 Gläubigen vertreten. Zu weiteren christlichen Konfessionen bekennen sich etwa 500.000 in Italien lebende Personen.

Unter den Nichtchristen bilden die Moslems mit 1.293.704 die größte Glaubensgemeinschaft (siehe auch Islam in Italien). Zudem leben in Italien 197.931 Buddhisten und 108.950 Hindus. Die Jüdische Gemeinschaft zählt etwa 45.000 Mitglieder.

Vier Millionen Menschen bekennen sich zu keiner Konfession.[13]

Sprachen

Neben der Amtssprache Italienisch gibt es noch die regionalen Amtssprachen Deutsch und Ladinisch in Trentino-Südtirol, Französisch im Aostatal sowie Slowenisch in Friaul-Julisch Venetien.

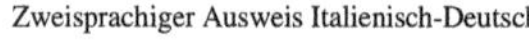
Zweisprachiger Ausweis Italienisch-Deutsch

Zweisprachiger Ausweis Italienisch-Französisch

Zweisprachiger Ausweis Italienisch-Slowenisch

Darüber hinaus sieht ein staatliches Gesetz aus dem Jahr 1999[14] den Schutz folgender Minderheitensprachen vor:

- Albanisch (siehe Arbëresh), verteilt im gesamten Mezzogiorno
- Franko-Provenzalisch, die eigentliche Volkssprache des Aostatals sowie einiger Täler im Piemont mit kleinen Sprachinseln in Apulien
- Furlan, die Sprache des Friaul
- Griechisch (siehe Griko) in Apulien und Kalabrien
- Katalanisch in Alghero auf Sardinien
- Molisekroatisch in der Region Molise
- Okzitanisch in einigen Alpentälern des Piemont
- Sardisch, die Sprache Sardiniens.

Bisher ist dieses Gesetz bis auf einige Ausnahmen nicht umgesetzt worden. Die Einrichtung von mehrsprachigen Ämtern, der muttersprachliche Schulunterricht und die Förderung von Radio- und Fernsehprogrammen, wie sie das Gesetz vorsieht, sind nicht verwirklicht worden. Nur in der Ortsnamensgebung sind einige Fortschritte gemacht worden: So tragen zahlreiche Verkehrsschilder im Friaul auch die furlanische Bezeichnung, während auf Sardinien neben dem italienischen gegebenenfalls auch der sardische Ortsname steht. In den Schulen des Friauls ist es zudem möglich, eine Wochenstunde Unterricht in furlanischer Sprache zu nehmen.

Fersentalerisch und Zimbrisch sind bairische Mundarten, die in einigen Sprachinseln in Nordostitalien verbreitet sind: Im Trentino werden sie als Minderheitensprachen geschützt. In einigen Alpentälern im Nordwesten wird der höchstalemannische Dialekt der Walser gesprochen, der in der autonomen Region Aostatal anerkannt ist und gefördert wird.

Darüber hinaus werden in Italien zahlreiche Dialekte gesprochen, die gar keine amtliche Anerkennung genießen. Die Verkehrsbeschilderung einiger Gemeinden, besonders jener, die von der Lega Nord verwaltet sind, ist jedoch um die mundartliche Bezeichnung des Ortes erweitert worden.

Beschilderung Italienisch-Furlan

Beschilderung Italienisch-Sardisch

Beschilderung Italienisch-Albanisch in Maschito

Beschilderung Italienisch-lombardischer Dialekt

Einwanderung

Die Anzahl der in Italien wohnhaften Ausländer nimmt seit den 1990er Jahren konstant zu. Laut dem nationalem Statistikinstitut ISTAT waren zum 1. Januar 2011 4.563.000 ausländische Staatsbürger in Italien wohnhaft, das macht 7,5 % der Gesamtbevölkerung aus.

Pos.	Herkunftsland	Anzahl
1	Rumänien	997.000
2	Albanien	491.000
3	Marokko	457.000
4	China	201.000
5	Ukraine	192.000
6	Philippinen	131.000
7	Moldawien	123.000
8	Indien	118.000
9	Polen	111.000
10	Tunesien	107.000
11	Mazedonien	98.000
12	Peru	95.000
13	Ecuador	91.000
14	Ägypten	87.000
15	Bangladesch	82.000
16	Sri Lanka	81.000
17	Senegal	77.000
18	Serbien Montenegro Kosovo	76.000
19	Pakistan	72.000
20	Nigeria	52.000

Quelle: Demographische Indikatoren 2010, ISTAT (1. Januar 2011).[15]

Zudem leben in Italien rund 120.000 Roma, von denen 70.000 Staatsbürger sind.

Die illegalen Einwanderer sind in der Statistik nicht berücksichtigt. Die OECD rechnet mit 500.000 bis 750.000, die Caritas geht davon aus, dass sich 1 Million Ausländer illegal aufhalten.[16] Damit würden sich in Italien bis zu 5 Millionen Ausländer aufhalten.

Die meisten Einwanderer sind im Norden und im Zentrum Italiens angesiedelt, dort machen sie einen Anteil von 10,1 % bzw. 9,7 % an der Bevölkerung aus. In den süditalienischen Regionen liegt der Ausländeranteil bei 2,9 %.[17] Die Städte mit dem größten Anteil an Ausländern sind: Rom (242.725), Mailand (181.393), Turin (114.710), Genua (42.744), Florenz (40.898), Bologna (39.480), Verona (34.465), Brescia (31.512), Padua (25.596), Neapel (24.384), Reggio Emilia (24.401), Prato (24.153), Venedig (23.928) und Modena (22.857).[18]

Italiener im Ausland

Zwischen 1876 und 1915 war Italien von einer massiven Auswanderungswelle betroffen. Schätzungsweise 14 Millionen Bürger verließen das Land, um hauptsächlich in Amerika – in den Vereinigten Staaten als Arbeiter, in Argentinien und Brasilien als Landwirte – ihr Glück zu suchen. Die Zahl ist beeindruckend, vor allem wenn man bedenkt, dass Italien zur Jahrhundertwende 33 Millionen Einwohner zählte. 1913 war das Jahr mit der höchsten aufgezeichneten Auswanderungswelle: Über 870.000 Italiener verließen ihre Heimat.[19]

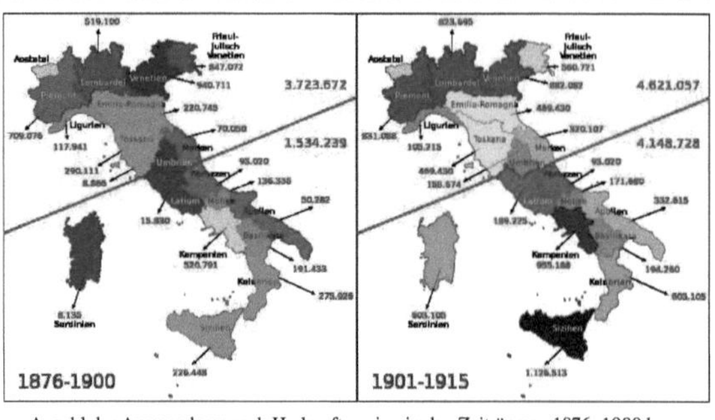

Anzahl der Auswanderer nach Herkunftsregion in den Zeiträumen 1876–1900 bzw. 1901–1915

Die faschistische Diktatur versuchte der Auswanderung entgegenzuwirken, konnte aber nicht verhindern, dass weitere 2,6 Millionen Italiener das Land verließen. Vor allem Argentinien und Frankreich waren zwischen den Weltkriegen beliebte Auswanderungsländer, zumal die Vereinigten Staaten und Brasilien strengere Einwanderungsregeln eingeführt hatten.

Nach dem Zweiten Weltkrieg richtete sich die Auswanderung zunehmend in Richtung europäischer Staaten. Viele, die vorübergehend als Gastarbeiter nach Belgien, Deutschland, Frankreich, in die Schweiz gekommen waren, ließen sich schließlich auf unbestimmte Zeit in ihren neuen Heimatländern nieder.

Im konsularischen Personenregister sind nach wie vor 4.106.640 Auslandsitaliener registriert. Die folgende Tabelle weist jene Länder (außer Italien) aus, in denen die meisten italienischen Staatsbürger wohnhaft sind.

Staaten mit den meisten italienischen Staatsangehörigen

Staat	Einwohnerzahl
Argentinien	659.655
Deutschland	648.453
Schweiz	533.821
Frankreich	343.197
Brasilien	297.137
Belgien	251.466
Vereinigte Staaten	199.284
Vereinigtes Königreich	187.363
Venezuela	124.133

Australien	122.863
Kanada	121.465
Spanien	104.637
Uruguay	90.231
Chile	48.966
Niederlande	32.730
andere Staaten	341.239

Quelle: Italienisches Außenministerium[20]

Die Italiener im Ausland dürfen bei den Parlamentswahlen wählen und sind durch 12 Abgeordnete und 6 Senatoren vertreten. Zudem dürfen sie an den nationalen Volksabstimmungen teilnehmen.

Geschichte

Antike

Schon in vorrömischer Zeit war Italien, vor allem Mittel- (Etrurien) und Süditalien (Magna Graecia), ein wichtiges europäisches Kulturzentrum. Über Jahrhunderte war es schließlich der Mittelpunkt des Römischen Reichs. Zur Zeit Caesars wurde Italien, das zuvor bis zum Rubikon bei Rimini reichte, um die Provinz Gallia Cisalpina erweitert. Sizilien und Sardinien (sowie Korsika) wurden erst im Zuge von Kaiser Diokletians Gebietsreform dem Mutterland Italien (*Dioecesis Italiae*) angegliedert.

Mittelalter

Nach dem Einfall der Goten und der Langobarden (410 bzw. 568) zersplitterte das Land in eine Reihe von Herrschaftsgebieten. Im 8. und 9. Jahrhundert, besonders unter Pippin und Karl dem Großen, dominierten die Franken, doch entwickelte sich unter den Nachfolgern Karls ein eigenes Königreich Italien. Seit Otto dem Großen gehörte Italien überwiegend zum Heiligen Römischen Reich, der Süden blieb dabei lange byzantinisch. Jedoch eroberten zunächst Araber ab 827 Sizilien und Teile Süditaliens. Im frühen 11. Jahrhundert begannen Normannen (aus der Normandie) mit der Eroberung Süditaliens bis zum Ende des 11. Jahrhunderts.

Durch den Aufschwung von Handel und Verkehr gewannen insbesondere die Städte Norditaliens im 11. Jahrhundert zunehmende Selbstständigkeit. Die Normannen und zahlreiche Städte Oberitaliens unterstützten während des Investiturstreits den Papst. Mit dem Untergang ihrer Dynastie 1268 scheiterten die Versuche der Staufer, die schwindende Reichsgewalt in Italien zu erneuern, obwohl Heinrich VI. das unteritalienische Normannenreich durch Heirat gewonnen hatte. Den Süden beherrschte ab 1268 die französische Dynastie der Anjou, der Norden zerfiel in eine Reihe von formal dem Heiligen Römischen Reich zugehörigen, jedoch beinahe selbstständigen Städten mit ihrem Umland.

Im 14. und 15. Jahrhundert entstanden im Zeitalter der Renaissance Mittelmächte mit einem enormen wirtschaftlichen und kulturellen Vorsprung. Fünf Mächte, das süditalienische Königreich, der Kirchenstaat, Florenz, Mailand und Venedig teilten sich in wechselnden Koalitionen die politische Macht und die Ressourcen der Halbinsel.

Neuzeit

Der Niedergang Italiens begann unmittelbar nach der Entdeckung Amerikas, mit der Verlagerung des Handels in die Überseekolonien westeuropäischer Staaten, auch angesichts der osmanischen Kontrolle über das Mittelmeer. Politisch wurde Italien zum Spielball fremder Mächte. Im 16. Jahrhundert kämpften Frankreich und Spanien um die Vormachtstellung auf der Halbinsel. Die Schlacht bei Pavia (1525) besiegelte die Vorherrschaft Spaniens, das sich die unmittelbare Kontrolle Süditaliens und der Lombardei sichern konnte.

Italien um 1494

1796 rissen französische Revolutionstruppen die Macht an sich. 1805 krönte sich Napoleon in Mailand zum König von Italien. Nach dem Zusammenbruch seiner Herrschaft fiel Italien in den Einflussbereich des österreichischen Kaiserreiches. Vom 16. bis hinein ins 19. Jahrhundert stand der Großteil Italiens somit unter Fremdherrschaft.

Die anschließende Nationalbewegung in der zweiten Hälfte des 19. Jahrhunderts ging als Risorgimento in die Geschichte ein. Unter Führung der Dynastie der Savoyer, Könige von Sardinien-Piemont, angetrieben durch die Freiwilligenverbände unter Giuseppe Garibaldi, gelang in drei Unabhängigkeitskriegen die Vereinigung Italiens. Am 17. März 1861 wurde Viktor Emanuel II. in Turin zum König Italiens ausgerufen. 1865 wechselte die Hauptstadt nach Florenz. 1866 kamen mit dem dritten Unabhängigkeitskrieg auch das österreichische Venetien sowie das Friaul zum Königreich Italien. Rom wurde dann 1870 erobert und ein Jahr später zur Hauptstadt des Landes erkoren. Darüber hinaus versuchte Italien, ähnlich wie andere europäische Mächte, als Kolonialmacht Fuß zu fassen, am Horn von Afrika (Eritrea, erst später Äthiopien) und in Libyen.

Da Italien sich zu Beginn des Ersten Weltkriegs aufgrund territorialer Zugeständnisse aus dem Dreibund gelöst hatte und der Entente beigetreten war, konnte das Königreich auf der Seite der Siegermächte Julisch Venetien, das Trentino sowie das deutschsprachige Südtirol annektieren.

Italien nach dem Vertrag von St. Germain

Im Oktober 1922 übernahmen Benito Mussolini und seine *Fascisti* genannten Gefolgsleute durch den Marsch auf Rom die Macht. Schritt für Schritt wandelte Mussolini das Königreich in einen totalitären Staat um und setzte sich selbst als „Duce" (Führer) an die Spitze von Volk und Staat. Noch vor Beginn des Zweiten Weltkrieges überfiel Italien Abessinien und okkupierte das Land. Diese völkerrechtswidrige Besetzung war Teil von Mussolinis erklärtem Ziel, das antike Römische Reich wieder aufleben zu lassen. Durch verschiedene Abkommen band sich Mussolini an das Deutsche Reich und Adolf Hitler. Schließlich trat Italien auf der Seite der Achsenmächte, nach merklichem Zögern des *Duce*, in den Zweiten Weltkrieg ein. Mit dem Rückzug der italienischen Truppen vor den anrückenden Alliierten und dem Sturz der faschistischen Regierung im Herbst 1943 brach Italien den Dreimächtepakt, wechselte die Fronten und erklärte nunmehr seinem vormals Verbündeten den Krieg.

Der folgende Einmarsch der deutschen Wehrmacht stieß auf den Widerstand der *Resistenza*. Nach der Befreiung Mussolinis durch deutsche Fallschirmjäger in den Apenninen erfolgte die Installation einer Marionettenregierung unter Mussolini in Norditalien bis nach Rom am 23. September 1943 (Italienische Sozialrepublik). Dieser neue Staat blieb mit Deutschland verbündet und erklärte seinerseits dem von den Alliierten besetzten Teil Italiens den Krieg. Eine frischrekrutierte Armee von 40.000 Freiwilligen (*Schwarze Brigaden*) standen als vermeintlich legitime Staatsgewalt von Beginn an in einer Art Bürgerkrieg gegen die italienischen Partisanen, der sich die letzten 18 Monate bis zum Ende des Krieges hinzog.[21] Als sich die deutschen Verbände im Juni 1944 bis zur „Gotenlinie" im Apennin zurückzogen und italienische Partisanen ihre Überfälle auf deutsche Soldaten verstärkten, kam es zu Massakern an der Zivilbevölkerung und weiteren schweren Kriegsverbrechen durch die deutschen Besatzer und Truppen der faschistischen Sozialrepublik Italien. Am 28. April 1945 kapitulierten die Wehrmachtsverbände in Italien vor den Westalliierten, die Kämpfe hielten aber noch bis zum 2. Mai 1945 an.

Nach Kriegsende blieb das italienische Mutterland von größeren Gebietsabtretungen verschont (der Großteil von Julisch Venetien an Jugoslawien bzw. das heutige Slowenien und Kroatien, der italienische Dodekanes an Griechenland, die Gemeinden Tende und La Brigue an Frankreich). Zudem verlor Italien sämtliche Kolonien.

Eine verfassungsgebende Versammlung beschloss die neue *Costituzione della Repubblica Italiana* am 22. Dezember 1947. Sie trat zum 1. Januar 1948 in Kraft.

Die Nachkriegsgeschichte Italiens zeichnet sich innenpolitisch durch häufige Regierungswechsel, allerdings bis 1990 vier Jahrzehnte unter Führung oder Hauptbeteiligung der *Democrazia Cristiana* (Christdemokraten), außenpolitisch durch die Gründungsmitgliedschaft in der Europäische Wirtschaftsgemeinschaft und wirtschaftlich durch das Wirtschaftswunder (*miracolo economico*) aus. Nach Jahrzehnten hoher Inflation, auch durch Entwertung der Lira, wurden in den 1990er Jahren die Staatsfinanzen unter Kontrolle gebracht, und Italien übernahm als Währung den Euro.

Anfang der 90er Jahre wurde die politische Elite des Landes vom Korruptionsskandal Tangentopoli und den Aufklärungsmaßnahmen der Mani pulite weggefegt. Seitdem wird die Politik Italiens von Parteienbündnissen um Silvio Berlusconi sowie wechselnden Mitte-links-Koalitionen bestimmt.

Politik

Politisches System

Italien ist seit 1946 eine parlamentarische Republik. Staatsoberhaupt ist der Staatspräsident, das Parlament besteht aus zwei Kammern (Abgeordnetenkammer und Senat), die alle fünf Jahre gewählt werden und absolut gleichberechtigt sind. Daneben gibt es vom Staatspräsidenten ausgezeichnete verdiente Persönlichkeiten, die als Senatoren auf Lebenszeit dem Senat angehören. Auch die früheren Staatspräsidenten sind Senatoren auf Lebenszeit. Regierungschef ist der Ministerpräsident, seit November 2011 Mario Monti.

Zudem ist Italien Mitglied in mehreren überstaatlichen Organisationen. Mit dem 4. April 1949 erfolgte der Eintritt in die NATO. Seit dem 14. Dezember 1955 gehört Italien den Vereinten Nationen an. Zudem ist das Land als Gründungsmitglied der Europäischen Union am 1. Januar 1952 ein bedeutender Ansprechpartner in Europa.

Siehe auch:

- Politische Parteien in Italien
- Liste der italienischen Ministerpräsidenten

Politische Gliederung

Italien ist politisch in 20 Regionen (*regioni*) mit jeweils eigener Regierung gegliedert. Diese Regionen sind in insgesamt 109 Provinzen (*province*) und diese in 8.094 Gemeinden *(comuni)* unterteilt.

Regionen

Apulien

Basilikata

Kalabrien

Sizilien

Molise

Kampanien

Abruzzen

Latium

Umbrien

Marken

Toskana

Sardinien

Emilia-Romagna

Ligurien

Piemont

Friaul

Julisch Venetien

Aostatal

Trentino

Südtirol

Venetien

Lombardei

Adriatisches Meer

Ionisches Meer

Mittelmeer

Tyrrhenisches Meer

Ligurisches Meer

Die italienischen Regionen verfügen über eine als Statut bezeichnete Landesverfassung. Fünf Regionen haben ein Sonderstatut (*statuto speciale*), das ihnen eine große Autonomie gewährt; diese sind in der folgenden Liste mit einem Stern markiert.

Region	Hauptstadt	Einwohner	Fläche (km²)	Einw./km²
Lombardei	Mailand	9.781.682	23.863	408
Kampanien	Neapel	5.815.251	13.590	428
Latium	Rom	5.650.977	17.236	326
Sizilien*	Palermo	5.037.499	25.711	196
Venetien	Venedig	4.899.371	18.399	266
Piemont	Turin	4.440.226	25.402	174
Emilia-Romagna	Bologna	4.357.164	22.446	194
Apulien	Bari	4.079.638	19.358	211
Toskana	Florenz	3.720.366	22.994	161
Kalabrien	Catanzaro	2.007.997	15.081	133
Sardinien*	Cagliari	1.670.539	24.090	69
Ligurien	Genua	1.615.441	5.422	298
Marken	Ancona	1.573.445	9.366	166
Abruzzen	L'Aquila	1.338.103	10.763	124
Friaul-Julisch Venetien*	Triest	1.232.291	7.858	157
Trentino-Südtirol*	Trient	1.022.528	13.607	75
Umbrien	Perugia	897.611	8.456	106
Basilikata	Potenza	589.632	9.995	59
Molise	Campobasso	320.360	4.438	72
Aostatal*	Aosta	127.430	3.263	39
Italien gesamt		**60.177.551**	**301.338**	**199**

Provinzen

Liste der zehn größten Provinzen nach Einwohnern (Stand: 1. Januar 2009).[22]

Rang	Provinz	Einwohnerzahl
1.	Rom	4.115.911
2.	Mailand	3.170.273
3.	Neapel	3.078.629
4.	Turin	2.196.313
5.	Bari	1.251.072
6.	Palermo	1.244.426
7.	Brescia	1.225.681
8.	Salerno	1.090.782
9.	Catania	1.078.532
10.	Bergamo	1.065.596

Die Autonome Provinz Bozen-Südtirol ist mit 7.399,97 km² die flächenmäßig größte Provinz.

Gemeinden

Die zehn größten Gemeinden (Stand: 1. Januar 2010).[23]

Rang	Stadt	Einwohnerzahl
1.	Rom	2.761.477
2.	Mailand	1.324.110
3.	Neapel	959.574
4.	Turin	907.563
5.	Palermo	655.875
6.	Genua	607.906
7.	Bologna	380.181
8.	Florenz	371.282
9.	Bari	320.475
10.	Catania	293.458

Gesundheitssystem

Das Gesundheitssystem in Italien ist auf regionaler Ebene strukturiert. Die lokalen Sanitätsbetriebe (*Aziende Sanitarie Locali*) unterstehen den jeweiligen Regionalregierungen. Die regionale Ausprägung führt dazu, dass die Qualität der Dienstleistungen von Region zu Region sehr unterschiedlich ist. Es ist ein scharfes Nord-Süd-Gefälle zu verzeichnen, das einen starken „Gesundheitstourismus", vor allem in Richtung Venetien, Lombardei und Emilia-Romagna verursacht.

Italienische Sanitätskarte

Die ausgezeichneten Leistungen dieser Regionen haben die WHO im Jahr 2000 dazu veranlasst, Italien nach Frankreich auf den zweiten Platz in der Weltrangliste der Gesundheitssysteme zu stellen.[24] Als negativ werden die langen Wartezeiten (oft mehrere Monate) auf stationäre Behandlung gesehen.

Hausärzte erhalten in Italien eine Kopfpauschale für die Patienten, die in einer Liste registriert wurden. Zahnärztliche Leistungen müssen überdies von den Bürgern vollständig selbst getragen werden.

Die gesamten Gesundheitsausgaben betrugen im Jahr 2009 9,5 % des BIP, und entsprachen damit exakt dem OECD-Durchschnitt. Der überwiegende Anteil dieser Ausgaben (77,9 %) wird vom öffentlichen Sektor getragen (OECD: 71,7 %).[25]

Polizei

Alfa Romeo 159 der Carabinieri in Rom

Das italienische Polizeiwesen ist mehrgliedrig und teilweise militärisch organisiert. Die einzelnen Polizeiorganisationen unterstehen verschiedenen Ministerien oder den unteren Gebietskörperschaften. Dieses althergebrachte System hat sich aus Gründen der Tradition erhalten, aber auch, um zu verhindern, dass zu viel polizeiliche Gewalt in einer Hand bzw. in einem Ministerium gebündelt wird. Auf der nationalen Ebene gibt es die zivile Polizia di Stato (Staatspolizei), die dem Innenministerium unterstellt ist. Sie übernimmt hauptsächlich polizeiliche Aufgaben innerhalb der großen Städte. Die Staatspolizei wird ergänzt durch die Carabinieri, einer Gendarmerietruppe, die dem Verteidigungsministerium untersteht und nach Weisung des Innenministeriums Polizeidienst versieht, vor allem auch auf dem Land. Vergleichbare Strukturen finden sich auch in Frankreich (Gendarmerie Nationale) und in Spanien (Guardia Civil). Daneben verfügt das italienische Finanzministerium über die Guardia di Finanza (Finanzwacht), eine Finanz- und Zollpolizei, die auch Grenzschutzaufgaben übernimmt. Auf lokaler Ebene gibt es unter anderem die Gemeindepolizeien (Polizia Municipale), die sich vorwiegend um den örtlichen Straßenverkehr kümmern. Das Feuerwehrwesen ist, von wenigen Ausnahmen abgesehen, im nationalen Rahmen organisiert.

Militär

Die italienische Armee ist eine Berufsarmee und besteht aus den Teilstreitkräften Heer, Marine, Luftwaffe und den Carabinieri. Insgesamt dienen rund 180.000 Männer und Frauen in den Streitkräften, dazu kommen 110.000 Carabinieri und 33.000 zivile Mitarbeiter.

Die allgemeine Wehrpflicht ist in Italien seit dem 1. Juli 2005 ausgesetzt.

Wirtschaft

Italien ist ein Industriestaat mit einer vormals stark gelenkten Volkswirtschaft: Der staatliche Konzern IRI unterhielt zwischenzeitlich 1.000 Tochtergesellschaften und zählte bis zu 500.000 Beschäftigte.[26] Im Laufe der 90er Jahre wurden die Staatsunternehmen nach und nach privatisiert, auch um die Schulden der öffentlichen Hand zu bedienen, die Märkte wurden geöffnet und dereguliert.

Die italienische Wirtschaft ist mit einem Bruttoinlandsprodukt (BIP) von rund 2 Billionen US-Dollar (IWF 2010) achtgrößte Volkswirtschaft der Welt. Das Land liegt im weltweiten Vergleich des BIP je Einwohner auf dem 23. Platz, in der EU nimmt Italien hierzu den 13. Rang ein.

Ferner ist zu bemerken, dass die Schattenwirtschaft in Italien traditionell sehr hoch ist. Die Agentur der Einnahmen schätzt ihren Anteil am BIP auf zwischen 17 % und 18,1 %, andere Beobachter gehen von bis zu 30 % aus. Tatsache ist, dass bei der Ermittlung des BIP die Schattenwirtschaft auf Basis von Schätzungen mitberücksichtigt wird.

Das Wirtschaftswachstum liegt seit über einem Jahrzehnt unter dem Durchschnitt der EU-Länder. Im Jahr 2007 wuchs die italienische Wirtschaft um lediglich 1,5 %, 2008 schrumpfte sie bereits um 1 % und 2009 um 5,1 %. 2010 gab es wieder ein Wachstum von 1,3 %.

Wichtigster Handelspartner Italiens ist Deutschland, mit einem Exportanteil von 12,7 % und einem Importanteil von 15,9 %, gefolgt von Frankreich, mit 11,2 % bzw. 8,5 %. Zu den wichtigsten Ausfuhrmärkten für italienische Produkte gehören auch Spanien (6,5 %), die USA (6,2 %) und das Vereinigte Königreich (5,2 %). Die meisten Einfuhren bezieht Italien des Weiteren aus China (6,2 %), den Niederlanden (5,3 %), Libyen (4,6 %) und Russland (4,2 %).[27]

Staatshaushalt

Der Staatshaushalt umfasste 2009 Ausgaben von 785 Milliarden Euro, dem standen Einnahmen von 705 Mrd. Euro gegenüber: Daraus ergab sich ein Haushaltsdefizit in Höhe von 5,3 % des BIP. Im Jahr 2010 sank die Neuverschuldung auf 4,6 % . Die Staatsverschuldung betrug 2009 1.763,6 Milliarden Euro oder 116 % des BIP.[28] 2010 stiegen die Gesamtschulden auf 119 % des BIP an.

Italien hatte in der EU jahrelang die höchste Schuldenquote, ist aber mittlerweile von Griechenland überholt worden. Ein Großteil der Schulden wurde während der 1980er und Anfang der 1990er Jahre angesammelt: 1979 betrug die Verschuldung noch 62,4 %, 1994 wurde der Höchststand von 124,5 % erreicht.[29]

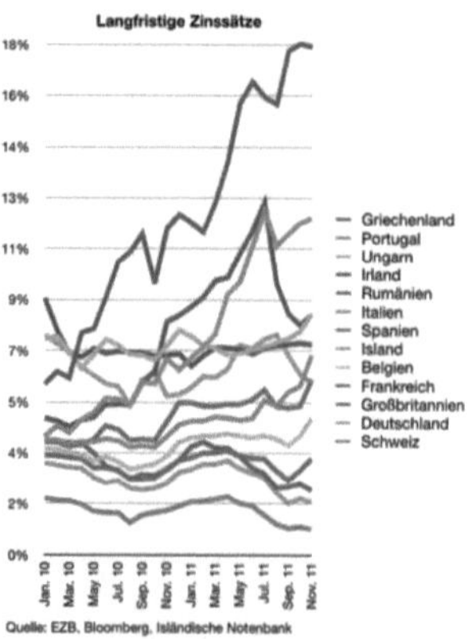

Die Zinsen für italienische Staatsanleihen (graue Linie) stiegen Mitte 2011 deutlich an

Jahr	1999	2000	2001	2002	2003	2004	2005	2006	2007	2008	2009	2010
Staatsverschuldung	113,7 %	109,2 %	108,8 %	105,7 %	104,4 %	103,8 %	105,8 %	106,6 %	103,6 %	106,3 %	116,0 %	119,0 %
Haushaltssaldo	-1,7 %	-0,8 %	-3,1 %	-2,9 %	-3,5 %	-3,5 %	-4,3 %	-3,4 %	-1,5 %	-2,7 %	-5,3 %	-4,6 %
Quelle: Eurostat[30]												

Der Anteil der Staatsausgaben (in % des BIP) betrug in folgenden Bereichen:

- Gesundheit:[31] 9,0 % (2006);
- Bildung:[27] 4,5 % (2005);
- Militär:[27] 1,8 % (2005).

Steuern

Die Steuerquote ist mit über 43 % im internationalen Vergleich hoch.

Wichtigste Steuern sind:

- die IRPEF (Einkommensteuer für natürliche Personen), die in 4 verschiedenen Sätzen von 23 % bis 43 % reicht;
- die IRES (Körperschaftssteuer), mit einem Einheitssatz von 27,5 %;
- die IVA (Umsatzsteuer), die im Regelfall 20 %, Ausnahmsweise 10 % oder 4 % beträgt;
- die IRAP (die regionale Wertschöpfungssteuer), deren Regelsatz bei 3,9 % liegt und in etwa mit der deutschen Gewerbesteuer vergleichbar ist;
- die ICI (Gemeindeimmobiliensteuer), die von der Berlusconi-Regierung für alle Erstwohnungen abgeschafft worden ist. Das soll zu einer spürbaren Entlastung der Bürger führen, die zu 87,1 % Hauseigentümer sind.

EU-Beitragszahlungen

Italien ist nach Deutschland und Frankreich der drittgrößte Beitragszahler der EU, mit über 15 Milliarden Euro im Jahr 2008, was einen Anteil am Gesamtbudget von 13,6 % ausmacht.[32] Rechnet man die erhaltenen Zahlungen dagegen, war Italien im Jahr 2008 nach Deutschland und vor Frankreich mit 4,1 Milliarden der zweitgrößte Nettozahler der Union.[33] [34]

Im Jahr 2009 war das Land mit 5,06 Milliarden drittgrößter Nettobeitragszahler hinter der Bundesrepublik und Frankreich.[35]

Italien ist Teil des Europäischen Binnenmarkts. Zusammen mit 17 EU- Mitgliedstaaten (blau) bildet es eine Währungsunion, die Eurozone.

Währung

Seit 2002 ist der Euro in Italien gesetzliches Zahlungsmittel und löste die italienische Lira ab. In der Exklave Campione d'Italia ist nicht der Euro, sondern der Schweizer Franken gesetzliches Zahlungsmittel.

Rohstoffe

Italien besitzt kaum natürliche Ressourcen bis auf Erdgasvorkommen in der Poebene und in der Adria; auf einige Erdölvorkommen in den Regionen Basilikata und Sizilien; auf Eisenerzvorkommen, vor allem auf der Insel Elba.

Energieversorgung

Italien hatte im Jahr 2010 einen Energieverbrauch von 309.884,5 GWh.

Italien hatte vor 1990 vier Kernkraftwerke. Ausgelöst durch die Tschernobyl-Katastrophe (26. April 1986) führte Italien ab 1987 einen schrittweisen Atomausstieg durch. 1990 wurde das letzte italienische Atomkraftwerk abgeschaltet. Heute produziert Italien seinen Strom vor allem in thermischen Kraftwerken, welche hauptsächlich mit importiertem Erdöl und Erdgas betrieben werden. Etwa 15 % des Energiebedarfs wird durch Wasserkraft gedeckt. Geothermische Energie wird insbesondere in Mittelitalien, Larderello, gewonnen. Ihr Beitrag an der Gesamtproduktion liegt bei etwa 2 %. Die Stromgewinnung durch Wind- und Solarenergie befindet sich erst am Anfang. 2009 trugen diese 2 % bzw. 0,2 % zur Versorgung bei.[36]

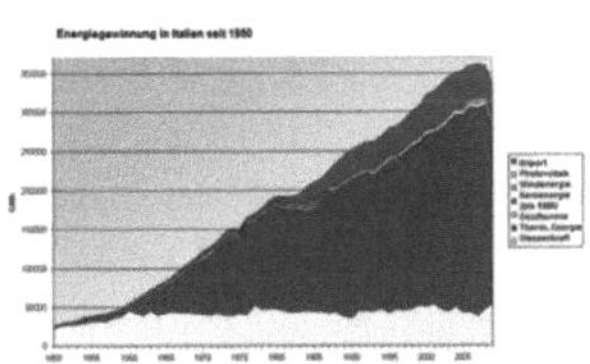

Schaubild zur italienischen Energieversorgung seit 1950

Italien plante ab 2008 den Bau von vier bis fünf eigenen Kernkraftwerken mit je 1.800 MW Leistung[37] und unterzeichnete 2009 ein Abkommen mit Frankreich zum Bau von vier Kernkraftwerken des Typs EPR, welche im Jahre 2020 an das Netz gehen sollten, jedoch wurden diese Pläne durch eine Volksabstimmung der italienischen Bevölkerung vereitelt.[38]

Landwirtschaft, Industrie und Dienstleistungen

Die Landwirtschaft spielt zwar volkswirtschaftlich nur noch eine geringe Rolle (ca. 2 %), bringt jedoch einige wichtige Erzeugnisse hervor. Bedeutend sind der Weinbau, da das Land mit ca. 47 Millionen Hektolitern nach Frankreich der zweitgrößte Weinproduzent der Welt (Stand: 2009) ist, sowie die Erzeugung von Olivenöl: Italien ist auch hier der zweitgrößte Produzent (nach Spanien), mit 626.800 Tonnen im Jahr 2006.

Die Stärke der italienischen Wirtschaft liegt im verarbeitenden Gewerbe, vor allem in kleinen und mittelständischen familiengeführten Unternehmen. Laut zentralem Statistikinstitut ISTAT zählen 95,2 % zu den Kleinstunternehmen mit weniger als 10 Beschäftigten.[39] In Relation zu anderen Volkswirtschaften verfügt Italien daher über weniger Großunternehmen. Das italienische Unternehmen mit dem höchsten Umsatz ist der Öl- und Gaskonzern ENI.

Zu den wichtigsten Industrien zählen der Maschinen-, Flugzeug- (Agusta, Alenia, Finmeccanica), Schiff- (Fincantieri) und Automobilbau (Fiat-Konzern, Ferrari dazugehörend), die Chemieindustrie und die Herstellung elektronischer Produkte (STMicroelectronics). Die Textilindustrie ist sehr stark vertreten und steht mit ihren bekannten Markennamen für den Inbegriff des „made in Italy". Luxottica ist der weltgrößte Brillenhersteller. Zu den wichtigsten italienischen Exportgütern zählen auch die Erzeugnisse der Nahrungsmittelindustrie. Das größte Unternehmen der Branche ist Ferrero.[40]

Italienische Zentralbank in Rom

Im Dienstleistungssektor ist Italien vor allem durch Großbanken wie Unicredit und Intesa Sanpaolo international vertreten. Die Assicurazioni Generali ist eine der größten Versicherungsgesellschaften der Welt.

Große Bedeutung besitzt die Tourismusbranche. Italien, das in den 1970er Jahren noch das meistbesuchte Land der Welt war, befindet sich heute mit seinen 43,7 Millionen Touristen (2005) an 5. Stelle (hinter Frankreich, Spanien, USA und China).[41]

Arbeitsmarkt

Dank jüngster Arbeitsrechtsreformen hat Italien einen starken Rückgang der Arbeitslosenzahlen gegenüber den 1990er Jahren verzeichnen können. Laut ISTAT betrug die Arbeitslosenquote 6,7 % im Jahr 2008 [42] bzw. 7,8 % im Jahr 2009.[43] 2010 lag sie bei 8,7 %.[44] Die Erwerbsquote bleibt hingegen mit 58 % relativ niedrig: Das ist damit zu erklären, dass die Beteiligung der Frauen am Arbeitsmarkt sehr gering ist. Als problematisch gilt auch die hohe Jugendarbeitslosigkeit, die im Jahr 2008 bei 21,3 % lag. Die OECD hat auch festgestellt, dass die Erwerbseinkommen in Italien zu den niedrigsten unter den industrialisierten Ländern gehören. Auf nur 19.861 Dollar beläuft sich das durchschnittliche Nettoeinkommen der Italiener, die somit auch von Griechen und Spaniern überholt werden. Der OECD-Schnitt liegt bei 24.660 Dollar.

Die Selbständigenquote ist in Italien umso höher. Sie liegt bei etwa 33 % der Erwerbspersonen (zum Vergleich 17 % in Spanien und 10 % in Deutschland).[45]

Regionale Unterschiede

Nord-Süd-Gefälle

Charakteristisch für Italien ist die wirtschaftliche Zweiteilung des Landes. Der stark industrialisierte Norden steht dem unterentwickelten Süden gegenüber.

Die großen Wirtschaftszentren Mailand, Turin und Genua, die das sogenannte *triangolo industriale* (*industrielles Dreieck*) bilden, sind Teil des europäischen Wirtschaftskernraumes Blaue Banane. Der gesamte oberitalienische Raum verfügt über einen gut entwickelten Dienstleistungssektor und gehört zu den wirtschaftlich stärksten Gebieten Europas. Vor der Finanzkrise herrschte auch weitestgehend Vollbeschäftigung (Arbeitslosenquote 2008 von 3,9 %), danach ist die Arbeitslosenquote auf 6,2 % gestiegen (2010). Zahlreiche Klein- und Kleinstunternehmen haben es aber schwer, sich am globalisierten Markt gegen die Konkurrenz aus Billiglohnländern zu behaupten. Andererseits sind Industriebranchen wie die Elektrotechnik und der Maschinenbau durchaus wettbewerbsfähig. So ist Italien etwa der viertgrößte Hersteller von Maschinenbauerzeugnissen, noch vor Frankreich und Großbritannien, mit einem Weltmarktanteil von 7,5 %[46].

Mittelitalien verfügt über eine Wirtschaft, die auf Unternehmen im Textil-, Schuh- und Möbelsektor und besonders auf Tourismus basiert. Zudem ist Rom Sitz sämtlicher Verwaltungen, vieler internationaler Unternehmen (ENI, ENEL, Finmeccanica) und Organisationen (FAO) und Herz der italienischen Filmindustrie (Cinecittà). Die Arbeitslosigkeit in Mittelitalien liegt im nationalen Schnitt bei 8,1 % (2010).

Der Süden des Landes, auch Mezzogiorno genannt, stellt eine der strukturschwächsten Regionen Westeuropas dar. Die Folge daraus sind sehr hohe Arbeitslosenquoten (über 13 %), die für die Jugend Extreme annimmt, eine erhöhte Kriminalitätsrate und nicht zuletzt das organisierte Verbrechen, das besonders in Kampanien, Kalabrien und auf Sizilien die Kontrolle über viele Wirtschaftszweige ausübt.

BIP nach Regionen/NUTS-2

Das durchschnittliche BIP pro Kopf fällt nach der Erhebung von Eurostat für das Jahr 2005[47] je nach Region sehr unterschiedlich aus.

Region/NUTS-2	BIP gesamt Mio.€	BIP pro Kopf €
Piemont	115.256	26.582
Aostatal	3.522	28.537
Ligurien	39.928	24.936
Lombardei	298.285	31.618
Nordwestitalien	**456.991**	**29.493**
Südtirol	15.195	31.665
Trentino	14.213	28.426
Venetien	135.171	28.643
Friaul-Julisch Venetien	32.893	27.263
Emilia-Romagna	123.709	29.670
Nordostitalien	**321.181**	**29.001**
Toskana	95.504	26.462
Umbrien	19.700	22.817
Marken	36.868	24.195
Latium	156.746	29.645

Mittelitalien	**308.819**	**27.369**
Abruzzen	25.685	19.723
Molise	5.785	17.997
Kampanien	89.709	15.494
Apulien	64.227	15.781
Basilikata	10.247	17.213
Kalabrien	31.389	15.641
Süditalien	**227.042**	**16.119**
Sizilien	78.322	15.617
Sardinien	30.693	18.570
Insularisches Italien	**109.015**	**16.349**
Italien	**1.423.048**	**24.281**

Soziale Unterschiede

Italien ist ein Land, das nicht nur von starken lokalen Unterschieden geprägt ist, sondern auch eine relativ ungleiche Einkommensverteilung aufweist. In der Liste der Länder nach Einkommensverteilung liegt Italien mit einem Gini-Koeffizient von 36 an 52. Stelle, einen Platz hinter Großbritannien. Zum Vergleich liegt Deutschland an 14., Österreich an 19. und die Schweiz an 37. Stelle.

Laut Forbes (2010) ist der Süßigkeitenfabrikant Michele Ferrero mit einem Vermögen von 17 Milliarden Dollar reichster Italiener, gefolgt von Leonardo Del Vecchio (Luxottica) und dem Medienunternehmer und ehemaligen Ministerpräsidenten Silvio Berlusconi. Zu den reichsten Italienern gehören auch der Modedesigner Giorgio Armani und die Familie Benetton.

Verkehr

Straßenverkehr

Die Gesamtlänge des italienischen Straßennetzes betrug im Jahr 2009 182.136 km.[5] Davon sind 6.621 km Autobahnen, die größtenteils in privater Hand und mautpflichtig sind. Alle anderen Straßen sind Eigentum der öffentlichen Hand. Man unterscheidet zwischen Staats-, Regional-, Provinzial- und Kommunalstraßen. Die meist befahrenen Autobahnen sind die A1 von Mailand bis Neapel, die A4 von Turin über Mailand und Verona nach Venedig, die A14 von Bologna bis Tarent und unter anderem auch die Brennerautobahn A22, die von Modena bis zur Grenze mit Österreich führt.

Das heutige Autobahnnetz Italiens

Schienenverkehr

Die Gesamtlänge des Schienennetzes betrug im Jahr 2009 16.530 km, von denen etwa zwei Drittel elektrifiziert sind. Sowohl das Netz als auch der Transport sind in den Händen des Staates, bis auf wenige Ausnahmen (vgl. Vinschgaubahn, Ferrovia Trento–Malè). Im Geschäftsjahr 2010 schrieb das Staatsunternehmen Ferrovie dello Stato 129 Millionen Euro Gewinn.

FS ETR 500, italienischer Hochgeschwindigkeitszug

Im europäischen Vergleich ist Bahnfahren in Italien ausgesprochen günstig. Eine einfache Fahrt von Mailand nach Venedig (267 km) mit dem Eurostar Italia kostet etwa 31 Euro, während man für die Strecke Paris-St. Pierre des Corps (253 km) mit dem TGV 51,50, für die Trasse Frankfurt-Göttingen mit dem ICE rund 56 Euro ausgeben muss.[48]

Mit der Eröffnung der letzten noch fehlenden Streckenabschnitte zwischen Novara und Mailand sowie zwischen Bologna und Florenz im Dezember 2009 verfügt Italien über eine gut 900 km lange durchgehende Schnellfahrstrecke von Turin über Mailand, Bologna, Florenz, Rom und Neapel bis nach Salerno. Außerdem sind verschiedene internationale Verbindungen nach Frankreich (Mont-Cenis-Basistunnel mit Anschluss an das TGV-Netz) sowie via Schweiz (Neat) und via Österreich nach Deutschland (Brennerbasistunnel) sowie nach Slowenien angedacht.

Das Streckengleis befindet sich im Gegensatz zu Deutschland auf der linken Seite. Das U-Bahn-System in Rom ist so aufgebaut, dass man bei Umsteigevorgängen in jedwede Richtung nur wenige Minuten warten muss, lediglich in das Umland ist die Umsteigezeit etwas länger. Mailand hat mit einer Gesamtlänge von 74,6 km das am besten ausgebaute U-Bahn-Netz Italiens. Auch Neapel, Turin, Genua und Catania verfügen über eine U-Bahn.

Schifffahrt

Die Gesamtlänge der schiffbaren Wasserwege beträgt 2.400 km.

Der Hafen Genua

Den höchsten Passagierfluss verzeichnen die Häfen von Messina und Reggio Calabria, zumal es sich um die wichtigste Verbindung zwischen Sizilien und dem Festland handelt. Größte Container-Umschlagplätze sind Gioia Tauro und Genua. Weitere bedeutende Handelshäfen sind Triest und Tarent.

Die wichtigsten Marinearsenale befinden sich in La Spezia, Tarent und Augusta.

Sämtliche Verbindungen im Mittelmeer werden von der Reederei Tirrenia di Navigazione mit Sitz in Neapel gewährleistet.

Luftfahrt

Die größten Flughäfen Italiens 2007 nach Anzahl der Passagiere:

Der Flughafen Rom-Fiumicino mit Tower

Pos.	Flughafen	Region	Code (IATA)	Anzahl Passagiere	Pos. 2006	Veränderung %
1	Rom-Fiumicino	Latium	FCO	32.945.223	1	+9,2
2	Mailand-Malpensa	Lombardei	MXP	23.885.391	2	+9,7
3	Mailand-Linate	Lombardei	LIN	9.926.530	3	+2,4
4	Venedig-Tessera	Venetien	VCE	7.076.114	4	+11,6
5	Catania-Fontanarossa	Sizilien	CTA	6.083.735	5	+12,7
6	Neapel-Capodichino	Kampanien	NAP	5.775.838	7	+13,3
7	Bergamo-Orio al Serio	Lombardei	BGY	5.741.734	6	+9,5
8	Rom-Ciampino	Latium	CIA	5.401.475	8	+9,2
9	Palermo-Punta Raisi	Sizilien	PMO	4.511.165	9	+5,4
10	Bologna-Borgo Panigale	Emilia-Romagna	BLQ	4.361.951	10	+9,0

Größte Fluggesellschaft ist die angeschlagene Alitalia, im Zuge deren Restrukturierung der Flugverkehr in Malpensa zu Gunsten von Fiumicino stark eingeschränkt wurde. Auch die Lufthansa ist auf dem italienischen Flugmarkt tätig: Air Dolomiti, eine hundertprozentige Tochter der deutschen Fluggesellschaft, bedient zahlreiche Flüge, hauptsächlich zwischen Norditalien, München und Frankfurt.

Gesellschaft

Schulwesen und Bildung

Das Schulwesen Italiens ist – was den Aufbau und die Gliederung betrifft – durch große Einheitlichkeit gekennzeichnet. Die wesentlichen Bestimmungen für Unterricht und Erziehung sind in Mailand nicht anders als in Palermo. Unterschiede gibt es lediglich im Bereich der beruflichen Bildung, die zum Kompetenzbereich der einzelnen Regionen gehört. Das Schulsystem gliedert sich in folgende Stufen: Vorschule (*scuola dell'infanzia*, vormals *scuola materna*, drei Jahre, 3-6), Grundschule (*scuola primaria*, vormals *scuola elementare*, fünf Jahre, 6-11), Mittelschule (*scuola secondaria di primo grado*, vormals *scuola media inferiore*, drei Jahre, 11-14) und Oberschulen (*scuola secondaria di secondo grado*, vormals *scuola media superiore*, fünf Jahre, 14-19). Die staatlichen Oberschulen gliedern sich in Gymnasien, Fachoberschulen und Berufsfachschulen. Im Bereich der Gymnasien gibt es einen humanistischen, einen naturwissenschaftlichen und einen neusprachlichen Zweig (*liceo classico, scientifico, linguistico*) sowie das so genannte Kunstgymnasium (*liceo artistico*). Die Fachoberschulen (*istituto tecnico*), die zur allgemeinen Hochschulreife und auch zu einem berufsqualifizierenden Abschluss führen, untergliedern sich in mehrere Ausbildungsrichtungen, in denen wiederum zahlreiche Spezialisierungen angeboten werden. Den Bereich der beruflichen Ausbildung decken einerseits die staatlichen Berufsfachschulen (*istituto professionale*) ab, an denen nach drei Jahren ein berufsqualifizierender Abschluss erlangt werden kann, nach zwei weiteren Jahren die Hochschulreife. Auf der anderen Seite stehen die von den italienischen Regionen unterhaltenen oder beaufsichtigten Berufsausbildungszentren (*centro di formazione professionale*)

Die Schulpflicht ist in den letzten Jahren schrittweise angehoben worden. In der Vergangenheit betrug sie acht Jahre (6-14), womit die Grund- und Mittelschule zur Pflichtschule (*scuola dell'obbligo*) wurde. Ende der 1990er Jahre erfolgte eine Anhebung auf neun Jahre. 2004 wurde dann eine zwölfjährige Schul- und Berufsausbildungspflicht eingeführt. Diese kann nach Abschluss der Mittelschule entweder durch den Besuch der staatlichen Oberschulen oder der regionalen Berufsschulen erfüllt werden. Alternativ kann auch eine betriebliche Ausbildung durchgeführt werden, wobei auch Kurse an regionalen Berufsschulen zu absolvieren sind. Werden die Ausbildungsgänge an regionalen Berufsausbildungszentren mit einer Staatsprüfung abgeschlossen, steht der Weg zum beruflichen Abitur frei. Wer vor Vollendung des 18. Lebensjahres einen ersten berufsqualifizierenden Abschluss erreicht, ist von der zwölfjährigen Schul- und Ausbildungspflicht freigestellt.

Italien hat in der Fremdsprachenausbildung in den letzten Jahren bedeutende Fortschritte gemacht: Englisch wird bereits in der Grundschule unterrichtet, eine zweite lebende Fremdsprache kann ab der Mittelschule (ab dem 6. Schuljahr) zusätzlich erlernt werden. Die fünfjährigen Gymnasien sehen daneben i. d. R. Lateinunterricht vor, beim altsprachlichen *Liceo Classico* kommt noch Altgriechisch dazu.

Die PISA-Studie 2003 erteilte der italienischen Schule insgesamt ein relativ schlechtes Zeugnis. Allerdings sind die regionalen Unterschiede noch stärker als z. B. in Deutschland. In der Mathematik-Kompetenz lag Italien mit 466 Punkten weit abgeschlagen (Deutschland 503, Österreich 506). Gut abgeschnitten haben die Lombardei (519) und Venetien (511); das Trentino (547) und Südtirol (536) gehören (möglicherweise allerdings nur dank fehlerhaft gezogener Stichproben[49]) sogar zur internationalen Spitzengruppe (zum Vergleich: Finnland 544).[50] Ähnlich verhält es sich in den anderen Prüfungsbereichen.

Im Hochschulbereich gibt es, anders als in den deutschsprachigen Ländern, keine eigenständigen Fachhochschulen. Mit dem Bologna-Prozess entstand auch an italienischen Universitäten die Unterteilung in ein dreijähriges Bachelorstudium (*laurea triennale* oder *laurea breve*) mit nachfolgendem zweijährigem Masterstudiengang (*laurea magistrale*, vormals *laurea specialistica*). Jura wird als fünfjährige *laurea magistrale* angeboten. Was die Hochschuleinrichtungen angeht, kann man folgende Unterscheidungen treffen:

Das Hauptgebäude der Scuola Normale Superiore di Pisa

- *Università*: Universitäten im klassischen Sinn;
- *Politecnici*: Technische Universitäten;
- *Scuole superiori*: Eliteuniversitäten, die begabte Studierende fördern. Die bekannteste ist die Scuola Normale Superiore in Pisa, meist nur *Normale* genannt, die von Napoleon gegründet wurde.
- *Istituti superiori di educazione fisica (ISEF)*: Sporthochschulen;
- *Istituti di alta formazione artistica e musicale*: Kunst- und Musikhochschulen, die keine eigentlichen Universitäten sind, aber zur höheren Bildung gehören.

Die meisten Universitäten in Italien sind staatlich.[51] Bekannteste Privat-Unis sind die Bocconi in Mailand und die LUISS in Rom. Die Universität Bologna ist älteste Italien- und weltweit, sie wurde im Jahr 1088 gegründet. Insgesamt sind 1.809.186 Studenten an italienischen Hochschulen inskribiert.[52] Die Universität La Sapienza in Rom ist die größte Italien- und europaweit, mit nahezu 140.000 Studierenden.

Relativ neu ist auch der Ausbau der Alten- und Volkshochschulen (*università per la terza età*).

Feiertage

Datum	Bezeichnung	Italienischer Name	Anmerkung
1. Januar	Neujahrstag	Capodanno	
6. Januar	Epiphanias	Epifania	
–	Ostern	Pasqua	Ostersonntag
–	Ostermontag	Pasquetta	
25. April	Tag der Befreiung	Giorno della Liberazione	Befreiung vom Nazifaschismus, Ende der deutschen Besatzung 1945
1. Mai	Tag der Arbeit	Festa del Lavoro	
Ostersonntag + 50 Tage	Pfingstmontag	Lunedì di Pentecoste	Nur in Südtirol
2. Juni	Tag der Republik	Festa della Repubblica	Gründung der italienischen Republik 1946
15. August	Maria Himmelfahrt	Ferragosto	
1. November	Allerheiligen	Ognissanti	
8. Dezember	Mariä Empfängnis	Immacolata	
25. Dezember	Weihnachten	Natale	
26. Dezember	Stefanstag	Santo Stefano	

Medien

Die italienische Medienlandschaft ist vor allem im Fernseh- und Rundfunkbereich von einer außergewöhnlich hohen Konzentration geprägt. Die öffentlich-rechtliche Sendeanstalt RAI und der von Familie Berlusconi dominierte private Medienkonzern Mediaset teilten sich im Jahr 2006 87,5 % des Marktes.

Diese erhebliche Medienkonzentration veranlasste die Organisation Freedom House dazu, Italien zwischen 2004 und 2006 und erneut seit 2009 bezüglich der Pressefreiheit als „teilweise frei" einzustufen, wegen der möglichen Einflussnahme des damaligen Ministerpräsidenten Berlusconi auf die staatliche Sendergruppe RAI.[53] Italien ist somit der einzige Staat Westeuropas, dessen Medien von Freedom House nicht als „frei" eingestuft werden.

Presse

Die meisten Tageszeitungen nennen sich zwar *quotidiano indipendente*, also „unabhängige Tageszeitung", sind jedoch mehr oder weniger von politischen und kommerziellen Interessen beeinflusst. Die Bezeichnung stammt daher, dass sie sich von Zeitungen wie den linken *L'Unità* und *Il Manifesto* sowie reinen Parteizeitungen, wie dem publizistischen Organ der Lega Nord, *La Padania*, unterscheiden, welche ihre Parteilichkeit nicht leugnen.

La Gazzetta dello Sport

Die meisten Tageszeitungen sind in einer relativ anspruchsvollen Aufmachung und Gestaltung, es wird sehr bewusst nach einem qualitativen und intellektuellen Schreibstil gestrebt. Dennoch wird im europäischen Vergleich in Italien wenig Zeitung gelesen. Eine Besonderheit der italienischen Presselandschaft stellen die täglichen Sportzeitungen dar. Derzeit existieren immerhin drei Tageszeitungen, die sich nur mit Sport beschäftigen und allesamt relativ hohe Auflagen erreichen. Die meistgelesene italienische Sportzeitung, *La Gazzetta dello Sport*, erreicht an ihrem umsatzstärksten Tag in etwa die Auflage der meistverbreiteten italienischen Tageszeitung.

Die wichtigsten Verleger nationaler Tageszeitungen sind die RCS MediaGroup (*Corriere della Sera* und *Gazzetta dello Sport*) und der Gruppo Editoriale L'Espresso (*La Repubblica*). *Il Giornale* gehört Paolo Berlusconi, dem Bruder von Silvio Berlusconi. *Il Sole 24 Ore* ist die meistgelesene Wirtschaftszeitung und Eigentum des Arbeitgeberverbandes Confindustria. Die katholische *Avvenire* ist der Italienischen Bischofskonferenz zugehörig. Die meistverkauften Tageszeitungen mit italienweiter Verbreitung, die alle auch sonntags erscheinen, sind in folgender Tabelle aufgelistet (Beobachtungszeitraum August 2008-Juli 2009).

Nationale Tageszeitung	verteilte Exemplare	verkaufte Exemplare
Corriere della Sera	577.364	510.081
La Repubblica	501.317	454.424
La Gazzetta dello Sport	350.358	307.427
Il Sole 24 Ore	313.956	176.195
La Stampa	307.541	264.038
Corriere dello Sport – Stadio	208.417	204.366
Il Giornale	176.886	170.616
Libero	116.831	103.408
Tuttosport	113.285	111.361
Avvenire	105.643	20.729
Italia Oggi	73.763	24.138
L'Unità	50.879	47.461
Il Tempo	46.162	44.058
Il Manifesto	23.588	19.901

Daneben gibt es zahlreiche regionale Tageszeitungen, deren wichtigsten Verleger die Caltagirone-Gruppe (*Il Messaggero* und *Il Gazzettino*) sowie der Gruppo Editoriale L'Espresso (*Il Tirreno, La Nuova Sardegna, Messaggero Veneto – Giornale del Friuli* sowie die in Südtirol erscheinende *Alto Adige*) sind. Die Lokalzeitungen mit mindestens 50.000 verkauften Kopien sind in der folgenden Tabelle aufgelistet.

Regionale Tageszeitung	Verbreitung	verkaufte Exemplare
Il Messaggero	Latium, Umbrien, Marken, Abruzzen, Molise	206.895
Il Resto del Carlino	Emilia-Romagna, Marken, Venetien (Provinz Rovigo)	158.642
La Nazione	Toskana, Umbrien, Ligurien	129.817
Il Secolo XIX	Ligurien	98.063
Il Gazzettino	Venetien, Friaul-Julisch Venetien	84.721
Il Tirreno	Toskana	80.793
Il Mattino	Kampanien	77.691
L'Unione Sarda	Sardinien	68.358
Il Giorno	Lombardei	67.709

Il Giornale di Sicilia	Sizilien	66.995
La Sicilia	Sizilien	63.243
La Nuova Sardegna	Sardinien	59.608
L'Eco di Bergamo	Lombardei	54.308
Dolomiten	Südtirol	51.858
Messaggero Veneto – Giornale del Friuli	Friaul-Julisch Venetien	50.867

Die Bandbreite der italienischen Wochenzeitschriften ist vergleichbar mit der des deutschsprachigen Raumes. Dabei kann man auch die Unterscheidung zwischen Klatschpresse und anspruchsvollen Magazinen erkennen. Doch auch populäre Wochenzeitschriften, z. B. *Oggi* und *Gente*, bemühen sich um sehr hohe Qualität. Zu den seriösen Wochenmagazinen gehören der linksliberale *L'Espresso* und das zu Berlusconis Mondadori-Gruppe gehörende *Panorama*.

Rundfunk und Fernsehen

Seit der Umstellung auf DVB-T und der Abschaltung der Analogssignale im Jahr 2011, verfügt Italien über ein vielfältiges, frei empfangbares Fernsehangebot.

Neben den drei nationalen Radioprogrammen und den herkömmlichen Fernsehsendern Rai Uno, Rai Due und Rai Tre strahlt die staatlich kontrollierte Radiotelevisione Italiana siebzehn weitere Sender aus.

Daneben existiert eine Vielzahl an Privatsendern, die ihre Stationen in fast jeder größeren Stadt haben. Diese finanzieren sich durch einen sehr hohen Anteil an Werbung, das Programm besteht zu großen Teilen aus Musik und Shows. Dabei gibt es große qualitative Unterschiede. Einige wenige etablierte Sender schlossen sich zu einem großen Sendernetz zusammen, andere hingegen beschränken sich auf die Ausstrahlung von Filmen, deren Qualität teilweise fraglich ist. Insgesamt existieren in Italien rund 1.700 Fernsehsender, die rund 30 Millionen Zuschauer erreichen.

Der Mediaset-Turm in Cologno Monzese bei Mailand

Unter dem Namen Mediaset sind die Privatsender Canale 5, Italia 1 und Rete 4 zusammengefasst. Berlusconi kaufte diese Sender in den Jahren 1980 bis 1984 auf. Sie erreichen täglich ein Millionenpublikum und strahlen populäre Sendeformate wie Reality Shows und Sportübertragungen aus. Durch die Umstellung auf DVB-T sind zehn weitere frei empfangbare Mediaset-Programme hinzugekommen.

Darüber hinaus gibt es mit Rupert Murdochs *SKY Italia* ein sehr umfangreiches Pay-TV, das nach eigenen Angaben im September 2009 4.800.000 Abonnenten zählte.

Neue Medien

Etwa 42 % der Bevölkerung nutzt einen Internetanschluss; Auf 100 Einwohner kommen etwa 18,9 Breitbandanschlüsse.[54]

Sport

Fußball

Die beliebteste italienische Sportart ist der Fußball (*Calcio*). Der italienische Fußball verfügt über sehr bekannte Fußballvereine, die bei internationalen Turnieren viele Erfolge errangen, wie der AC Mailand, Inter Mailand und Juventus Turin. Der AC Mailand ist mit sieben Erfolgen im Pokal der Landesmeister bzw. der Champions League nach Real Madrid der erfolgreichste europäische Fußballverein. Auch die italienischen Fans („Tifosi") sind international sehr bekannt, aus Italien stammt z. B. die Ultrà-Bewegung. Allerdings mehren sich in jüngster Zeit rechtsextreme Handlungen in Zusammenhang mit Fußballspielen. So wurden z. B. dunkelhäutige Spieler in Stadien wiederholt ausgepfiffen. Die Nationalmannschaft Italiens gewann schon viermal den Weltmeistertitel (1934, 1938, 1982 und 2006) und konnte 1968 den Europameistertitel erringen. Mit ihren vier WM-Titeln ist die italienische Nationalmannschaft die erfolgreichste nach der brasilianischen Nationalmannschaft.

Motorsport

Motorsport erfreut sich in Italien großer Beliebtheit, schon vor dem Zweiten Weltkrieg begründeten Fahrer wie Tazio Nuvolari und die Hersteller Alfa Romeo und Fiat die großartige italienische Rennsporttradition. Nach dem Krieg wurde Ferrari das bekannteste und erfolgreichste Team der Formel 1. Mit Giuseppe Farina (1950) und Alberto Ascari (1952 und 1953) stellte Italien zwei Formel-1-Weltmeister.

Der neunfache Motorrad-Weltmeister Valentino Rossi 2011 auf Ducati

Auch der Motorradrennsport ist sehr beliebt. Giacomo Agostini ist der erfolgreichste Fahrer in der Geschichte der Motorrad-Weltmeisterschaft, heute wird diese Tradition vor allem von Publikumsliebling Valentino Rossi fortgesetzt. Auch die Hersteller Moto Guzzi, Gilera, MV Agusta, Ducati oder Aprilia sind in aller Welt für ihre Erfolge bekannt. Zu den Formel-1- und Motorradrennen auf den Traditionsrennstrecken von Monza, Imola und Mugello strömen alljährlich hunderttausende Zuschauer.

Radsport

Des Weiteren gilt Italien auch als ein Radsportland. Der Giro d'Italia gilt nach der Tour de France als zweitbedeutendstes Radrennen der Welt. Wichtige Eintagesrennen, die zu den Klassikern gerechnet werden, sind Mailand-Sanremo und die Lombardei-Rundfahrt. Zu den wichtigsten Radsportlern gehören unter anderem der verstorbene Marco Pantani und Mario Cipollini bzw. in der Radsportgeschichte Fausto Coppi und Gino Bartali.

Skisport

Außer in Apulien und Sardinien gibt es in allen italienischen Regionen gut ausgestattete Skigebiete, wobei für ausländische Touristen vor allem die Skiorte in den Alpen von Bedeutung sind. Zwei der heute bekanntesten Skifahrer sind bei den Herren Giorgio Rocca und bei den Damen Isolde Kostner. Der im Ausland vermutlich berühmteste italienische Skifahrer ist Alberto Tomba.

Sonstige

Daneben gehören in Italien Wasserball, Basketball, Volleyball und Rugby Union zu den beliebtesten Sportarten.

Kultur

Der italienische Beitrag zum kulturellen und historischen Erbe Europas und der Welt ist beachtenswert. Als Kreuzweg der Zivilisationen des Mittelmeerraumes, Zentrum des Römischen Reiches, Sitz des Papsttums und Wiege der Renaissance spielte Italien eine entscheidende Rolle und wurde zum Ausgangsland der europäischen Kunst, Kultur und Forschung.

Die Auswanderung zahlreicher Italiener im 19. und 20. Jahrhundert trug auch dazu bei, die italienische Kultur zu etablieren.

Italien hat insgesamt schätzungsweise 100.000 Denkmäler jeglicher Art (Museen, Schlösser, Gebäude, Statuen, Kirchen, Galerien, Villen, Brunnen, historische Häuser und archäologische Funde).[55] Es ist das Land mit den meisten Welterbestätten der UNESCO (45).

Architektur

Dom und Schiefer Turm von Pisa

Einige der bedeutendsten Bauwerke der westlichen Welt, wie das Kolosseum in Rom, der Mailänder Dom und der Dom von Florenz, der Schiefe Turm von Pisa und die Paläste Venedigs, befinden sich in Italien.

Schon die alten Römer setzten Maßstäbe im architektonischen Bereich und führten den Bau von Bögen und Kuppeln ein. Die Renaissance wurde von italienischen Architekturtheoretikern wie Leon Battista Alberti und Architekten wie Filippo Brunelleschi geprägt.

Das Werk des Venetianers Andrea Palladio inspirierte einen klassizistisch geprägten Baustil. Vom späten 17. bis ins frühe 20. Jahrhundert beeinflusste der Palladianismus die Architektur der ganzen Welt, insbesondere in Großbritannien, Australien und den USA.

Wichtige Architekten der Gegenwart sind Renzo Piano (Genua), Flavio Albanese (Vicenza) und Massimiliano Fuksas (Rom).

Plastik

Bildhauer aus der italienischen Halbinsel prägten die Kunst sämtlicher Epochen: beispielsweise die Magistri Comacini die Romanik, Arnolfo di Cambio und andere die Gotik (wo aber Frankreich führte), Donatello die Frührenaissance; Michelangelo die Hochrenaissance; Giovanni Lorenzo Bernini das italienische Barock; Antonio Canova den Klassizismus.

Malerei

Die italienische Malerei genoss über Jahrhunderte eine wichtige Stellung in Europa, von der romanischen zur gotischen Epoche, von der Renaissance bis zum Barock. Zu den bedeutendsten Malern zählen Giotto, Fra Angelico, Botticelli, Michelangelo, Raffael, Leonardo da Vinci, Tizian, Tintoretto, Caravaggio.

Mit dem Ende des Barock erlebte die Malerei in Italien einen empfindlichen Niedergang. Erst im 20. Jahrhundert mit dem Futurismus konnte Italien wieder in die künstlerische Avantgarde vorstoßen, vor allem durch die Werke von Umberto Boccioni und Giacomo Balla.

Giorgio de Chiricos Pittura metafisica gilt zudem als Vorläufer des Surrealismus.

Literatur

Büste Dantes

Der Florentiner Dante Alighieri schuf mit seinem Werk die Göttliche Komödie die Grundlagen der modernen italienischen Sprache und eines der größten Werke der Weltliteratur. Der Dichter Francesco Petrarca machte das Sonett als Gedicht-Form bekannt. Zu den großen Literaten Italiens zählen auch Giovanni Boccaccio, Ludovico Ariosto, Torquato Tasso, Giacomo Leopardi und Alessandro Manzoni.

Italienische Literaturnobelpreisträger sind der Dichter Giosuè Carducci (1906), Schriftstellerin Grazia Deledda (1926), Theaterautor Luigi Pirandello (1936), Dichter Salvatore Quasimodo (1959), Eugenio Montale (1975) sowie der Satiriker, Theaterautor und -Schauspieler Dario Fo (1997).

Philosophie

Niccolò Machiavelli gilt aufgrund seines Werks Il Principe („Der Fürst") als einer der bedeutendsten Staatsphilosophen der Neuzeit.

Zu den prominentesten Philosophen aus Italien gehören auch Giordano Bruno, Marsilio Ficino und Giambattista Vico.

Musik

Giuseppe Verdi (Porträt von Giovanni Boldini, 1886)

Italien zählt auch namhafte Komponisten: Palestrina und Monteverdi in der Renaissance, Scarlatti, Corelli und Vivaldi im Barock, Paganini und Rossini in der Klassik, Verdi und Puccini in der Romantik.

Italien ist weithin bekannt als Geburtsort der Oper. Aus der Feder von Rossini, Bellini, Donizetti, Verdi und Puccini stammen mit die berühmtesten Opern überhaupt, die heute weltweit aufgeführt werden, unter anderem an der Scala in Mailand. Klassische Interpreten wie Enrico Caruso, Alessandro Bonci, Beniamino Gigli, Luciano Pavarotti und Andrea Bocelli haben sich um die Oper verdient gemacht.

Zu den bekanntesten italienischen Sängern von Chansons sowie Rock- und Popmusik gehören Domenico Modugno, Adriano Celentano, Gigliola Cinquetti, Paolo Conte, Toto Cutugno, Gianna Nannini und Eros Ramazzotti. Auch in weniger frequentierten Genres wie Power Metal (Rhapsody) und Punkrock (Vanilla Sky oder Evolution So Far) sind die Italiener vertreten.

Das Sanremo-Festival ist Italiens größter Musikwettbewerb und wird seit 1951 jährlich in der ligurischen Stadt Sanremo abgehalten.

Film

Der Regisseur Federico Fellini

Die italienische Filmindustrie nahm bereits zwischen 1903 und 1908 konkrete Formen an. Während des Faschismus wurde das Kino auch zu Zwecken der Regime-Propaganda eingesetzt. Im Südosten Roms wurde sogar eine eigene Filmstadt errichtet, Cinecittà.

Bedeutende Regisseure der Nachkriegszeit sind Vittorio De Sica, Roberto Rossellini, Luchino Visconti, Michelangelo Antonioni, Federico Fellini, Pier Paolo Pasolini, Sergio Leone und Bernardo Bertolucci. Unter den Schauspielern haben insbesondere Anna Magnani, Sophia Loren, Claudia Cardinale, Monica Vitti, Marcello Mastroianni, Giulietta Masina und Vittorio Gassman internationale Anerkennung erlangt. Zu den bekanntesten italienischen Filmproduktionen gehören Fahrraddiebe, Rom, offene Stadt, Der Leopard, La Strada – Das Lied der Straße, Das süße Leben sowie die Italo-Western Spiel mir das Lied vom Tod und Zwei glorreiche Halunken.

In den letzten drei Jahrzehnten haben italienische Filme nur noch vereinzelt internationale Aufmerksamkeit bekommen, etwa Cinema Paradiso von Giuseppe Tornatore, Der Postmann mit Massimo Troisi oder Das Leben ist schön von und mit Roberto Benigni.

Wissenschaft

Galileo (Porträt von Justus Sustermans, 1636)

Der vielleicht berühmteste Universalgelehrte in der Geschichte, Leonardo da Vinci, hat mehrere Beiträge zu einer Vielzahl von Bereichen wie Kunst, Biologie und Technologie geleistet. Galileo Galilei war Physiker, Mathematiker und Astronom und leitete eine wissenschaftlichen Revolution ein.

Hier ein kurzer Überblick über einige andere namhafte Persönlichkeiten der Wissenschaft: der Astronom Giovanni Domenico Cassini; der Physiker Alessandro Volta, Erfinder der elektrischen Batterie; die Mathematiker Lagrange (geboren Giuseppe Lodovico Lagrangia), Fibonacci und Cardano; der Arzt Marcello Malpighi, Begründer der mikroskopischen Anatomie; Lazzaro Spallanzani, dessen wichtigsten Entdeckungen auf dem Gebiet der Physiologie liegen; der Wissenschaftler und Nobelpreisträger Camillo Golgi (nach ihm ist der Golgi-Apparat benannt); Guglielmo Marconi, Nobelpreisträger für Physik, Erfinder des Radios; der Physiker Enrico Fermi, ebenfalls Nobelpreisträger, bekannt für die Nuklearforschung.

Mode und Design

Italienische Mode hat eine lange Tradition. Mailand ist Italiens wichtigste Modemetropole, auch Rom, Turin, Neapel, Genua, Bologna, Venedig und Vicenza sind bedeutende Zentren. Zu den großen italienischen Mode-Labels gehören Gucci, Prada, Versace, Valentino, Armani, Dolce & Gabbana, Missoni, Fendi, Moschino, Max Mara und Ferragamo, um nur einige zu nennen.

Italien ist auch führend im Bereich Design, insbesondere Innenarchitektur. Gio Ponti und Ettore Sottsass sind in diesem Zusammenhang erwähnenswert.

Küche

Die italienische Küche besteht aus einer Vielzahl von Regionalküchen und kann auf auf eine Vielzahl von Zutaten und Spezialitäten zurückgreifen.

Aus der italienischen Küche haben Speisen und Gerichte wie Pizza, Pesto, Speiseeis, Panettone, oder Tiramisù internationale Berühmtheit erlangt.

Pizza Margherita

Literatur

- Ernst Ulrich Große, Günter Trautmann: *Italien verstehen.* Primus, Darmstadt 1997, ISBN 3-89678-052-2.
- Stefan Köppl: *Das politische System Italiens.* Eine Einführung. Verlag für Sozialwissenschaften, Wiesbaden 2007, ISBN 978-3-531-14068-1.
- Richard Brütting (Hrsg.): *Italien-Lexikon. Schlüsselbegriffe zu Geschichte, Gesellschaft, Wirtschaft, Politik, Justiz, Gesundheitswesen, Verkehr, Presse, Rundfunk, Kultur und Bildungswesen.* Erich Schmidt Verlag, Berlin 1997, ISBN 978-3-503-03772-8.

Siehe auch

- Italianistik

Weblinks

- Italienische Botschaft in Berlin [56] (italienisch, deutsch)
- Italienisches Konsulat in Bern [57] (italienisch, deutsch)
- Italienische Botschaft in Wien [58] (italienisch, deutsch)
- Länderprofil [59] des Statistischen Bundesamtes
- Offizielle statistische Daten über Italien [60] (italienisch)
- Seite der ENIT, des Staatlichen Italienischen Fremdenverkehrsamts [61]

Einzelnachweise

[1] http://www.faz.net/frankfurter-allgemeine-zeitung/italien-monti-mit-regierungsbildung-beauftragt-11527940.html

[2] ISTAT: Demographische Bilanz 2010 (http://demo.istat.it/bil2010/index.html)

[3] IWF: World Economic Outlook Database, April 2011: BIP Nominal im Jahr 2010 (http://www.imf.org/external/pubs/ft/weo/2011/01/weodata/weorept.aspx?pr.x=17&pr.y=2&sy=2010&ey=2010&scsm=1&ssd=1&sort=country&ds=.&br=1&c=512,941,914,446,612,666,614,668,311,672,213,946,911,137,193,962,122,674,912,676,313,548,419,556,513,678,316,181,913,682,124,684,339,273,638,921,5 s=NGDPD&grp=0&a=), World Economic Outlook Database, April 2011: BIP Kaufkrafparitäten im Jahr 2010 (http://www.imf.org/external/pubs/ft/weo/2011/01/weodata/weorept.aspx?sy=2010&ey=2010&scsm=1&ssd=1&sort=country&ds=.&br=1&c=512,941,914,446,612,666,614,668,311,672,213,946,911,137,193,962,122,674,912,676,313,548,419,556,513,678,316,181,913,682,124,684,339,273,638,921,5 s=PPPGDP&grp=0&a=&pr.x=41&pr.y=16), World Economic Outlook Database, April 2011: BIP pro Kopf nominal im Jahr 2010 (http://imf.org/external/pubs/ft/weo/2011/01/weodata/weorept.aspx?pr.x=40&pr.y=3&sy=2009&ey=2016&scsm=1&ssd=1&sort=country&ds=.&br=1&c=512,941,914,446,612,666,614,668,311,672,213,946,911,137,193,962,122,674,912,676,313,548,419,556,513,678,316,181,913,682,124,684,339,273,638,921,5 s=NGDPDPC&grp=0&a=), World Economic Outlook Database, April 2011: BIP pro Kopf Kaufkraftparitäten im Jahr 2010 (http://imf.org/external/pubs/ft/weo/2011/01/weodata/weorept.aspx?pr.x=74&pr.y=19&sy=2009&ey=2016&scsm=1&ssd=1&sort=country&ds=.&br=1&c=512,941,914,446,612,666,614,668,311,672,213,946,911,137,193,962,122,674,912,676,313,548,419,556,513,678,316,181,913,682,124,684,339,273,638,921,5 s=PPPPC&grp=0&a=)

[4] *Bericht über die menschliche Entwicklung 2010. Jubiläumsausgabe zum 20. Erscheinen.* (http://hdr.undp.org/en/media/HDR_2010_DE_Complete.pdf). Entwicklungsprogramm der Vereinten Nationen. Abgerufen am 29. April 2011.

[5] ISTAT: Italien in Zahlen, 2010, S. 3 (http://www.istat.it/dati/catalogo/20100518_00/italiaincifre2010.pdf)

[6] Der Grenzverlauf auf dem Mont Blanc ist jedoch umstritten. Nach französischer Auffassung wäre dann der Mont Blanc de Courmayeur mit seinen 4.748 m der höchste Gipfel Italiens

[7] Das Klima in Italien (Il clima in Italia) (http://www.italica.rai.it/principali/lingua/culture/clima.htm), RAI Internazionale

[8] Corriere della sera, 5. Mai 2009, Fazit zum Erdbeben in den Abruzzen am 6. April 2009 (http://www.ilmessaggero.it/articolo_app.php?id=17421&sez=HOME_INITALIA&npl=&desc_sez=) abgerufen am 12. Mai 2009

[9] RAI – Das Phänomen Migration (http://www.rai.it/RAInet/societa/Rpub/raiRSoPubArticolo2/0,7752,id_obj=32350^sezione=associazioniinrete,00.html)

[10] Centro Studi Economici e Sociali: *Convivere nelle mega cities*, in *Rapporto annuale 2008*, Seite 19-23 (http://www.webcitation.org/5nhWNMCeb)

[11] OECD: *OECD-Gesundheitsdaten 2007 – Deutschland im Vergleich* (http://www.oecd.org/dataoecd/15/1/39001235.pdf), abgerufen am 29. Januar 2008

[12] NationMaster, Europe, Italy, Religion (http://www.nationmaster.com/red/country/it-italy/rel-religion&b_cite=1)

[13] Alle Daten wurden aus dem Dossier 2008 der Caritas/Migrantes entnommen und beziehen sich auf die Wohnbevölkerung Italiens

[14] G. Nr. 482/1999 (http://www.camera.it/parlam/leggi/99482l.htm)

[15] ISTAT: Demographische Indikatoren für das Jahr 2010 (http://www.istat.it/salastampa/comunicati/in_calendario/inddemo/20110124_00/testointegrale20110124.pdf) (Schätzung)

[16] 1 Million illegale Einwanderer in Italien (http://www.corriere.it/cronache/09_agosto_10/focus_8c0ab4f0-8572-11de-8be5-00144f02aabc.shtml), Corriere della Sera, 10. August 2009

[17] ISTAT: Demographische Indikatoren für das Jahr 2010, S. 8 (http://www.istat.it/salastampa/comunicati/in_calendario/inddemo/20110124_00/testointegrale20110124.pdf)

[18] ISTAT, Jahr 2009

[19] Quelle: Aufarbeitung von Daten von ISTAT, in Gianfausto Rosoli, Un secolo di emigrazione italiana 1876–1976, Roma, Cser, 1978 (http://www.emigrati.it/Emigrazione/Esodo.asp)

[20] Italienisches Außenministerium: Statistisches Jahrbuch 2009, S. 121-129 (http://www.esteri.it/MAE/Pubblicazioni/AnnuarioStatistico/Capitolo2_Annuario2009.pdf)

[21] arte.tv: Geschichte am Mittwoch (Mussolini, 2. Teil); gesendet am 4. März 2009

[22] ISTAT: Demographische Datenbank 2008 (http://demo.istat.it/bilmens2008gen/index02.html)

[23] http://www.comuni-italiani.it/citta.html

[24] World Health Organization Assesses the World's Health Systems (http://www.who.int/whr/2000/media_centre/press_release/en/)

[25] OECD Health Data 2011: *How Does Italy Compare* (http://www.oecd.org/dataoecd/45/52/43216313.pdf), Zugriff am 7. Oktober 2011

[26] Istituto per la Ricostruzione Industriale S.p.A. – Company Profile (http://www.referenceforbusiness.com/history2/98/Istituto-per-la-Ricostruzione-Industriale-S-p-A.html)

[27] The World Factbook (https://www.cia.gov/library/publications/the-world-factbook/geos/it.html)

[28] Bereitstellung der Daten zu Defizit und Verschuldung 2009 (http://epp.eurostat.ec.europa.eu/cache/ITY_PUBLIC/2-15112010-AP/DE/2-15112010-AP-DE.PDF)

[29] Anmerkungen zur italienischen Staatsverschuldung von 1885 bis 2001 (http://www.delpt.unina.it/stof/15_pdf/15_5.pdf) (Link nicht mehr abrufbar), von Prof. Roberto Artoni, S. 10

[30] EUROSTAT: Finanzstatistik des Sektors Staat, Haupttabellen (http://epp.eurostat.ec.europa.eu/tgm/table.do?tab=table&init=1&plugin=1&language=en&pcode=tsieb090)

[31] Der Fischer Weltalmanach 2010: Zahlen Daten Fakten, Fischer, Frankfurt, 8. September 2009, ISBN 978-3-596-72910-4

[32] Centrum für Europäische Politik, Beitragszahlungen der Mitgliedsstaaten an die EU 2008 (http://www.cep.eu/menu-right/deutschland-in-der-eu/d-und-eu-finanzen/d-als-beitragszahler/) (Link nicht mehr abrufbar)

[33] Europaparlament: Zusatzthema zu Modul 7 Der Haushalt der EU Nettozahler und Nettoempfänger in der EU (http://www.europarl.europa.eu/brussels/website/media/modul_07/Zusatzthemen/Pdf/Nettozahler.pdf)

[34] FTD, 30. Oktober 2009 EU-Reformvertrag vor dem Durchbruch, Grafik „Die größten Nettobeitragszahler und -empfänger der EU-Staaten" (http://www.ftd.de/politik/europa/:zugestaendnis-an-tschechien-eu-reformvertrag-vor-dem-durchbruch/50030482.html)

[35] Bundeszentrale für politische Bildung: Top 5 Nettozahler und Nettoempfänger in der EU (http://www.bpb.de/wissen/P16RQL,0,0,Top_5_Nettozahler_und_Nettoempfänger_der_EU.html)

[36] Veröffentlichung der italienischen Netzagentur (http://www.terna.it/LinkClick.aspx?fileticket=VwAE+mEq1B4=&tabid=418&mid=2501)

[37] spiegel.de vom 9. Juni 2008: *Enel-Konzern plant neue Kernkraftwerke in Italien* (http://www.spiegel.de/wirtschaft/0,1518,558592,00.html)

[38] spiegel.de vom 24. Februar 2009: *Franzosen bauen Kernkraftwerke in Italien* (http://www.spiegel.de/wirtschaft/0,1518,609687,00.html)

[39] ISTAT: Unternehmen in Italien (http://www.istat.it/salastampa/comunicati/non_calendario/20040916_00/)

[40] Bei Konsumgütern hinkt Italien hinterher (http://www.ilsole24ore.com/art/SoleOnLine4/Economia e Lavoro/2010/02/largo-consumo-classifica-deloitte.shtml?uuid=68c4ba4e-22a8-11df-8394-ca219c0f0fc1&DocRulesView=Libero), Il Sole 24 Ore, 26. Februar 2010

[41] UNWTO Tourism Highlights, Ausgabe 2005 (http://www.world-tourism.org/facts/eng/pdf/highlights/2005_eng_high.pdf) (Link nicht mehr abrufbar)
[42] ISTAT: Italien in Zahlen, 2009 (http://www.istat.it/dati/catalogo/20090511_00/italiaincifre2009.pdf)
[43] ISTAT: Italien in Zahlen, 2010 (http://www.istat.it/dati/catalogo/20100518_00/italiaincifre2010.pdf)
[44] ISTAT: Beschäftigte und Arbeitslose in Italien, 1. April 2011 (http://www.istat.it/salastampa/comunicati/in_calendario/forzelav/20110401_00/)
[45] Il Sole 24 Ore, August 2008 (http://www.ilsole24ore.com/fc?cmd=document&file=/art/SoleOnLine4/Economia e Lavoro/2008/08/tabella-vento-favore1.pdf?cmd=art)
[46] Bundesagentur für Außenwirtschaft (http://www.bfai.de/DE/Content/bfai-online-news/2008/09/medien/lml-wechsel-an-der-poleposition.html) (Link nicht mehr abrufbar)
[47] EUROSTAT: Regionales BIP je Einwohner in der EU27 (http://www.webcitation.org/5rHyMKlZd) (PDF)
[48] Il Sole 24 Ore, 8. Januar 2008.
[49] Entgegen internationalen Regeln wurden in Südtirol Berufsschulen von der PISA-Testung ausgeschlossen: M. Putz: PISA – Jedem das seine ... Wunschergebnis (http://www.messen-und-deuten.de/pisa/Putz08.pdf)
[50] Ergebnisse Pisa 2003 laut Südtiroler Schulamt (http://www.schule.suedtirol.it/pi/themen/pisa03_1.htm)
[51] Ewald Berning – Hochschulen und Studium in Italien (http://www.ihf.bayern.de/dateien/monographien/Monographie_61.pdf)
[52] MIUR – Unterrichtsministerium: Studierende 2006/7 (http://statistica.miur.it/scripts/IU/IU2007_02_sintesi.pdf)
[53] Freedom House: *Press Freedom 2004 – Italy* (http://www.freedomhouse.org/template.cfm?page=251&year=2004), *2005* (http://www.freedomhouse.org/template.cfm?page=251&year=2005), *2006* (http://www.freedomhouse.org/template.cfm?page=251&year=2006) und *2007* (http://www.freedomhouse.org/template.cfm?page=251&year=2007), alle in Englisch, abgerufen am 29. Januar 2008
[54] International Telecommunication Union – BDT (http://www.itu.int/ITU-D/icteye/DisplayCountry.aspx?countryId=111)
[55] Eyewitness Travel (2005), S.19
[56] http://www.ambberlino.esteri.it/Ambasciata_Berlino
[57] http://www.ambberna.esteri.it/Ambasciata_Berna
[58] http://www.ambvienna.esteri.it/ambasciata_vienna
[59] http://www.destatis.de/jetspeed/portal/cms/Sites/destatis/Internet/DE/Content/Publikationen/Fachveroeffentlichungen/Laenderprofile/Content75/Italien,property=file.pdf
[60] http://www.istat.it/
[61] http://www.enit-italia.de/

Koordinaten: 43° N, 12° O

gag:İtaliya kbd:Урым koi:Италья ltg:Italeja pfl:Idalje rue:Італія xmf:იტალია

Autonome_Region_Sizilien

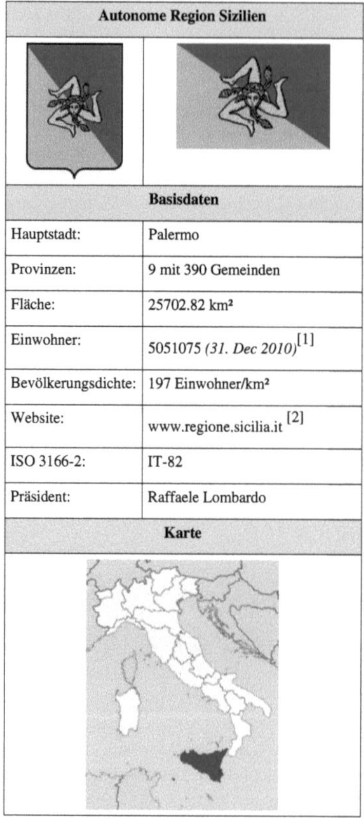

Autonome Region Sizilien	
Basisdaten	
Hauptstadt:	Palermo
Provinzen:	9 mit 390 Gemeinden
Fläche:	25702.82 km²
Einwohner:	5051075 *(31. Dec 2010)*[1]
Bevölkerungsdichte:	197 Einwohner/km²
Website:	www.regione.sicilia.it [2]
ISO 3166-2:	IT-82
Präsident:	Raffaele Lombardo
Karte	

Die **Autonome Region Sizilien** (ital.: *Regione Siciliana*[3]) ist eine der 20 Regionen der Republik Italien. Sie umfasst die Insel Sizilien und einige dieser vorgelagerte kleinere Inseln und Inselgruppen.

Die Region hat eine Fläche von 25.703 km² und Einwohner (Stand 31. Dezember 2010), womit ihre Bevölkerungsdichte vergleichbar mit der von Italien selbst ist. Hauptstadt und Regierungssitz der Autonomen Region sowie ihre einwohnerstärkste Stadt ist Palermo. Weitere große Städte sind Catania, Messina und Syrakus.

Politisches System

Sizilien hat den Status einer autonomen Region mit Sonderstatut, der ein eigenes Parlament, eine Regionalverfassung (das Sonderstatut) und eine größere Autonomie in den Bereichen Politik, Verwaltung und Finanzen garantiert.

Territorium

Das Territorium der Autonomen Region Sizilien ist in der Verfassung (dem Sonderstatut) der Region festgelegt. Es umfasst neben der Hauptinsel Sizilien die Inselgruppen der Ägadischen, Liparischen und Pelagischen Inseln sowie die Einzelinseln Ustica und Pantelleria.

Verfassung

Die Verfassung der Autonomen Region Sizilien ist das Sonderstatut, das den Rang eines italienischen Verfassungsgesetzes hat. Für eine Änderung des Sonderstatuts gelten daher dieselben Bedingungen wie für die Änderung der italienischen Verfassung.

Das Sonderstatut legt zunächst das Territorium der Autonomen Region Sizilien fest. Es definiert dann die Verfassungsorgane der Autonomen Region Sizilien: die Regionalversammlung als Parlament und das Regionalkabinett und den Präsidenten der Region als Regierung.

Das Sonderstatut regelt unter anderem die Gebiete, in denen die Autonome Region Sizilien die volle Gesetzgebungskompetenz hat. Das sind vor allem die Kulturgüter, Landwirtschaft, Fischfang, territoriale Fragen und Tourismus. Weiter garantiert das Sonderstatut die Finanzhoheit Siziliens über die eigenen Steuereinnahmen.

Legislative

Die Legislative der Autonomen Region Sizilien wird durch die Sizilianische Regionalversammlung (*Assemblea Regionale Siciliana, A.R.S.*) gebildet. Die Regionalversammlung besteht aus 90 Abgeordneten, die alle fünf Jahre gewählt werden.

Sala d'Ercole

Der Sitz der Sizilianischen Regionalversammlung ist der Normannenpalast in Palermo. Die *Sala d'Ercole* (Herkulessaal) dieses Palasts dient der Versammlung als Plenarsaal.

Die letzte Wahl zur Regionalversammlung (15. Legislaturperiode) fand am 23. Mai 2008 statt. Parlamentspräsident (*Presidente dell'Assemblea*) ist seitdem Francesco Cascio vom PdL.

Sitzverteilung der 15. Legislaturperiode[4]

Fraktion	Sitze
Partito Democratico	27
Popolo della Libertà	18
Movimento per l'Autonomia - Alleati per il Sud	12
UDC Verso il Partito Della Nazione	8
Futuro e Libertà - Sicilia(ex Pdl)	6
Unione dei Democratici Cristiani e Democratici di Centro	5
Forza del Sud	5

Gruppo Misto	9

Exekutive

Raffaele Lombardo 2009

Die Exekutive der Autonomen Region Sizilien wird durch den Präsidenten der Region (*Presidente della Regione*) und ein Kabinett (*Giunta regionale*) aus 12 Ministern (*Assessori Regionali*) gebildet.

Seit 2001 müssen die Minister nicht Abgeordnete der Regionalversammlung sein. Ebenfalls seit 2001 wird der Präsident der Region (bis damals *Presidente della Giunta Regionale* genannt) nicht mehr von der Regionalversammlung gewählt, sondern direkt von der Bevölkerung.

Sitz der Präsidenten und der Regionalregierung ist der Palazzo d'Orleans in Palermo an der Piazza Indipendenza westlich des Normannenpalasts.

Präsident der Region Sizilien ist seit dem 14. April 2008 Raffaele Lombardo, Gründer und Führer der autonomistischen Partei MPA. Er stützt sich auf Abgeordnete der Parteien MPA, Pd, Udc, Fli und Api. Seine Regierung besteht jedoch zur Hälfte aus parteilosen Fachleuten (italienisch *Tecnici*).

Mitglieder der Giunta Regionale[5] [6]

Name	Partei	Aufgaben
Gaetano Armao	keine	Wirtschaft,
Mario Centorrino	keine	Bildung
Marco Venturi	keine	Industrie
Pier Carmelo Russo	keine	Infrastruktur und Verkehr
Caterina Chinnici	keine	Sozialvorsorge
Uccio Missineo	Api	Kulturgüter und sizilianische Identität
Giosuè Marino	Pd	Energie
Andrea Piraino	Udc	Lokale Verwaltung
Elio D'Antrassi	Mpa	Landwirtschaft und Lebensmittel
Massimo Russo	keine	Gesundheit
Gian Maria Sparma	Fli	Territorium und Umwelt
Daniele Tranchida	Fli	Tourismus, Sport und Veranstaltungen

Parteien

Logo der MpA

Die großen politischen Parteien Italiens sind auch in Sizilien vertreten. Daneben gibt es in Sizilien einige kleinere Regionalparteien. Von diesen haben *Movimento per l'Autonomia – Alleati per il Sud* und *Nuova Sicilia* zwar autonomistische Tendenzen, sind aber föderalistisch eingestellt. Die sezessionistischen Parteien *Movimento per l'Indipendenza della Sicilia* und *Partito Del Sud* streben dagegen die Loslösung Siziliens von Italien an.

Politische Gliederung

Die Autonome Region Sizilien ist in neun Provinzen gegliedert, die wiederum in insgesamt 390 Gemeinden unterteilt sind. Die Provinzen sind nach ihren jeweiligen Hauptstädten benannt. Die Provinz mit den meisten Einwohnern und der größten Fläche ist die Provinz Palermo, die am dichtesten besiedelte Provinz ist die Provinz Catania, und die Provinz mit den meisten Gemeinden ist die Provinz Messina.

Provinzen Siziliens

Provinz	Karte	Kürzel	Gemeinden	Fläche km²	Einwohnerzahl (31. Dezember 2010)	Bev./ km²
Agrigent		AG	43	3041		149
Caltanissetta		CL	22	2125		128
Catania		CT	58	3552		307
Enna		EN	20	2562		67
Messina		ME	108	3247		201
Palermo		PA	82	4992		250

Ragusa		RG	12	1614		197
Syrakus		SR	21	2108		192
Trapani		TP	24	2460		177

Geschichte

Das Sonderstatut der autonomen Region Sizilien wurde bereits vor der Verfassung der Republik Italien verabschiedet und am 15. Mai 1946 von König Umberto II. unterzeichnet. Mit diesem Statut sollte den separatistischen Bestrebungen auf Sizilien der Wind aus den Segeln genommen werden. 1947 wurde die erste Regionalversammlung Siziliens gewählt. Am 26. Februar 1948 wurde das Statut in ein Verfassungsgesetz der Republik Italien umgewandelt.

Bis 2001 wurde der Präsident der Regionalregierung (*Presidente della Giunta Regionale*) durch die Regionalversammlung gewählt. 2001 wurde die Direktwahl durch die Bevölkerung eingeführt und die Amtsbezeichnung in „Präsident der Region" (*Presidente della Regione*) geändert.

Staatssymbole

Staatssymbole Siziliens sind das Wappen und die Flagge Siziliens. Beide zeigen die Farben der Region, gelb und rot, in Dreiecksform und davor das Symbol der Triskele. Wappen und Flagge gehen auf die Sizilianische Vesper im Jahre 1282 zurück. In ihrer jetzigen Form wurden sie im Februar 2000 zu offiziellen Symbolen der Autonomen Region Sizilien erklärt.

Flagge Siziliens

Einzelnachweise

[1] *Statistiche demografiche ISTAT* (http://demo.istat.it/bil2010/index04.html). Bevölkerungsstatistiken des Istituto Nazionale di Statistica vom 31. Dezember 2010.

[2] http://www.regione.sicilia.it/

[3] vgl. Bezeichnung auf offizieller Webpräsenz (http://www.regione.sicilia.it/)

[4] *I deputati dell'Assemblea Regionale Siciliana.* (http://www.ars.sicilia.it/deputati/default.jsp) In: *Website der Assemblea Regionale Siciliana.* Abgerufen am 15. Dezember 2010 (html, italienisch).

[5] *La Giunta Regionale.* (http://www.regione.sicilia.it/giunta.asp) In: *Website der Regione Siciliana.* Abgerufen am 18. April 2009 (html, italienisch).

[6] *Pronta la nuova giunta dei tecnici.* (http://palermo.repubblica.it/cronaca/2010/09/28/news/pronta_la_nuova_giunta_dei_tecnici_lombardo_domani_alla_prova_dell_ars-7488463/) La Repubblica, abgerufen am 28. September 2010 (italienisch).

Weblinks

- Regione Siciliana (http://pti.regione.sicilia.it/portal/page/portal/PIR_PORTALE), offizielle Website der Autonomen Region Sizilien (it.)
- Assemblea Regionale Siciliana (http://www.ars.sicilia.it/default.jsp), offizielle Website der Sizilianischen Regionalversammlung (it.)
- Statuto della Regione Siciliana (http://www.ars.sicilia.it//home/Statuto.pdf) auf der Website der Sizilianischen Regionalversammlung (pdf, it.; 36 kB)

Koordinaten: 38° N, 14° O

Provinz_Agrigent

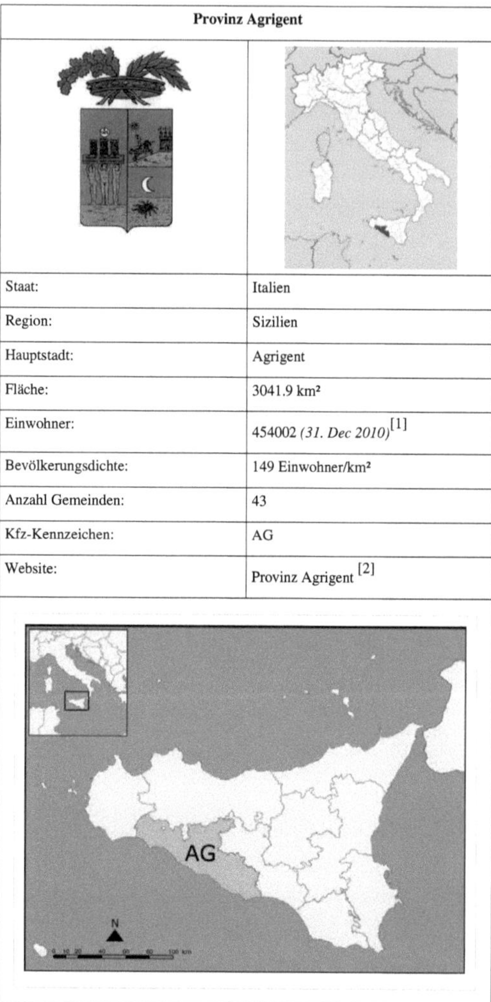

Provinz Agrigent	
Staat:	Italien
Region:	Sizilien
Hauptstadt:	Agrigent
Fläche:	3041.9 km²
Einwohner:	454002 *(31. Dec 2010)*[1]
Bevölkerungsdichte:	149 Einwohner/km²
Anzahl Gemeinden:	43
Kfz-Kennzeichen:	AG
Website:	Provinz Agrigent [2]

Die **Provinz Agrigent** (ital. *Provincia di Agrigento*) ist eine der neun Provinzen der Autonomen Region Sizilien der Republik Italien. Hauptstadt ist Agrigent.

Concordiatempel in Agrigent

Die Provinz liegt an der Südküste Siziliens. Im Westen grenzt sie an die Provinz Trapani, im Norden an die Provinz Palermo, im Osten an die Provinz Caltanissetta. Sie ist in 43 Gemeinden gegliedert. Dazu gehört auch die Gemeinde Lampedusa e Linosa, die auf den Pelagischen Inseln liegt.

Auf einer Fläche von 3.042 km² leben Einwohner (Stand 31. Dezember 2010). Haupterwerbszweige sind die Landwirtschaft und der Tourismus. Hauptanziehungspunkt sind die Archäologischen Stätten von Agrigent mit Tempelanlagen aus griechischer Zeit, die von der Unesco zum Weltkulturerbe erklärt wurden.

Heiligtum der chthonischen Gottheiten in Agrigent

Größte Gemeinden

(Stand: 31. Dezember 2010)

Gemeinde	Einwohner
Agrigent	
Sciacca	
Licata	
Canicattì	
Favara	
Palma di Montechiaro	
Ribera	
Porto Empedocle	

→ Alle Gemeinden

Einzelnachweise

[1] *Statistiche demografiche ISTAT* (http://demo.istat.it/bil2010/index04.html). Bevölkerungsstatistiken des Istituto Nazionale di Statistica vom 31. Dezember 2010.

[2] http://www.provincia.agrigento.it/

Agrigent

Agrigento	
	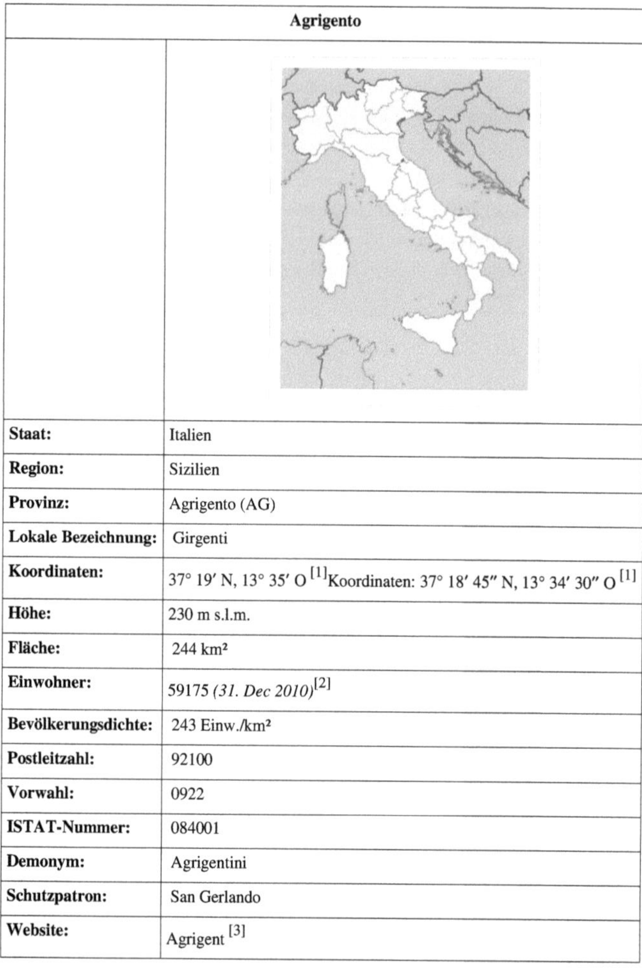
Staat:	Italien
Region:	Sizilien
Provinz:	Agrigento (AG)
Lokale Bezeichnung:	Girgenti
Koordinaten:	37° 19′ N, 13° 35′ O [1]Koordinaten: 37° 18′ 45″ N, 13° 34′ 30″ O [1]
Höhe:	230 m s.l.m.
Fläche:	244 km²
Einwohner:	59175 *(31. Dec 2010)*[2]
Bevölkerungsdichte:	243 Einw./km²
Postleitzahl:	92100
Vorwahl:	0922
ISTAT-Nummer:	084001
Demonym:	Agrigentini
Schutzpatron:	San Gerlando
Website:	Agrigent [3]

Agrigent (italienisch: Agrigento, bis 1927 *Girgenti*) ist eine Stadt mit Einwohnern (Stand 31. Dezember 2010) an der Südküste Siziliens, 4 km vom Meer entfernt gelegen. Agrigent ist die Hauptstadt der Provinz Agrigent.

Geographie

Die Stadt liegt auf 213 m s.l.m. über dem Meeresspiegel auf einer nach Osten und Norden steil sowie nach Westen langsam abfallenden Felshöhe und wird von zwei Flüssen umschlossen, dem S. Anna oder Fiume Drago und dem S. Biagio. Diese vereinen sich unterhalb der Stadt auf halber Strecke zum Meer.

Das Stadtgebiet wird durch ein tiefes Tal in zwei Hälften geteilt, von denen sich der nordwestliche Teil bis zu 328 m, der südöstliche bis zu 351 m über den Meeresspiegel erhebt. Die Akropolis liegt im nordwestlichen Teil. Das Stadtgebiet umfasst eine Fläche von etwa 450 ha in Form eines irregulären Rechtecks. Die Gesamtfläche der Gemeinde umfasst 244 km², die Bevölkerungsdichte beträgt etwa 217 Einwohner/km².

Die Nachbargemeinden sind Aragona, Cattolica Eraclea, Favara, Joppolo Giancaxio, Montallegro, Naro, Palma di Montechiaro, Porto Empedocle, Raffadali, Realmonte, Sant'Angelo Muxaro und Siculiana.

Geschichte

Dorischer Tempel in Agrigent

Heraklestempel

Es wird vermutet, dass der Platz schon früh von einer Ansiedelung der Sikaner eingenommen war, denn ihnen wird das weit in den Fels geschlagene Gängesystem zugeschrieben. Außerdem wurde eine vorgriechische Nekropole westlich der Stadt gefunden.

Um das Jahr 582 v. Chr. errichteten Auswanderer aus Gela und Rhodos hier die Stadt Akragas, die später in der Römerzeit *Agrigentum* genannt wurde.

Zur Geschichte der antiken Stadt siehe: Archäologische Stätten von Agrigent

Als die Araber im Jahre 829 n. Chr. Agrigentum eroberten, stand an der Stelle der antiken Stadt nur noch ein unbedeutendes Dorf auf dem nördlichen Hügel der antiken Siedlung, der ehemaligen Akropolis. Unter dem Namen *Kerkent* oder *Gergent* entstand dort eine bedeutende berberische Siedlung, die sich zu einem Zentrum der muslimischen Besiedlung Siziliens entwickelte und mit dem arabischen Palermo um die Vorherrschaft konkurrierte.

1087 wurde Gergent von den Normannen erobert. Roger II. errichtete hier ein Bistum. Unter anderem durch den Handel mit Nordafrika und durch die Landwirtschaft wurde Gergent zu einer wohlhabenden Stadt. Der Ort konzentrierte sich zunächst auf den Westteil des Girgenti-Hügels. Dort stehen auch die ältesten Kirchen Agrigents, der Dom San Gerlando und S. Maria dei Greci. Östlich des ursprünglichen Orts (etwa östlich der Via Bac-Bac) entstand im 13. Jahrhundert ein Neubauviertel, das vor allem durch die Familie Chiaramonte errichtet wurde, die eine der bedeutendsten Adelsfamilien Siziliens im späten Mittelalter war. Die Familie Chiaramonte ließ auch das spätgotische Kloster S. Spirito errichten.

Mit der Ausweisung der Araber durch Friedrich II. verlor die Stadt wirtschaftlich an Bedeutung. Daher fand in den folgenden Jahrhunderten auch keine größere Bautätigkeit statt. Unter spanischer und bourbonischer Herrschaft sank Girgenti, wie die Stadt inzwischen genannt wurde, wieder zu einer unbedeutenden Provinzstadt ab. Lediglich die Sakralbaukunst nahm ab dem 16. Jahrhundert noch einen Aufschwung, was durch Kirchen wie San Lorenzo und San Domenico bezeugt ist. Im Jahr 1927 nahm die Stadt den latinisierten Namen Agrigent an.

Sehenswürdigkeiten

Altstadt

Dom San Gerlando

Der Kathedrale San Gerlando wurde im 11. Jahrhundert auf der höchsten Stelle des Girgenti-Hügels errichtet. Vermutungen, dass der archaische Zeustempel mit dem Dom überbaut wurde, konnten bisher nicht durch archäologische Funde bewiesen werden. Der Dom wurde mehrmals umgebaut, unter anderem im 16./17. Jahrhundert, und durch eine 1980 abgeschlossene Restaurierung wieder weitgehend in den mittelalterlichen Zustand zurückversetzt.

Zu der Fassade führt eine breite Freitreppe empor. Rechts (südlich) von der Fassade steht ein wuchtiger Glockenturm im Chiaramontestil. Der Innenraum ist dreischiffig mit dem Grundriss eines lateinischen Kreuzes. Der vordere Teil des Mittelschiffs ist mit einer Freibalkendecke aus dem Jahre 1518 gedeckt, der etwas höher liegende Mittelteil mit einer Kassettendecke von 1682. In einer Kapelle im rechten Seitenflügel, die ein gotisches Portal hat, wird eine Silberurne mit Reliquien des heiligen Gerlando aufbewahrt.

Die Kirche S. Maria dei Greci wurde etwa 1200 auf den Resten eines dorischen Tempels, vermutlich des Athenetempels errichtet. Sie war die Hauptkirche der griechisch-orthodoxen Christen Agrigents im Mittelalter. Dem spitzbogigen Portal ist ein kleiner bewachsener Hof vorgelagert. Der Grundriss der Kirche hat die Form eines griechischen Kreuzes. Das Innere ist dreischiffig mit 3 flach gerundeten Apsiden. An der Balkendecke sind noch Reste von Farbspuren aus dem 14. Jahrhundert zu finden, und an der rechten Seitenwand befinden sich Reste mittelalterlicher Fresken. An der Nordseite der Kirche sind unterhalb des Niveaus der Kirche Teile der ausgegrabenen Krepis und sechs dorische Säulenstümpfe des Athenetempels zu sehen.

Weitere Sehenswürdigkeiten

- S. Spirito (13. Jahrhundert), Zisterzienserkirche und -kloster im Chiaramontestil (Spätgotik), im Inneren Stuckarbeiten von Giacomo Serpotta
- S. Lorenzo (17. Jahrhundert), auch Chiesa del Purgatorio (Kirche des Fegefeuers) genannt, bedeutendste Barockkirche Agrigents
- S. Domenico
- Porta Atenea, Stadttor aus dem 19. Jahrhundert
- Via Atenea, die Hauptstraße Agrigents
- Museo Diocesano, Museum mit Freskenmalereien und Reliquienschreinen aus der byzantinischen Zeit

Chiesa San Lorenzo

Tal der Tempel

Die herausragendste Sehenswürdigkeit Agrigents ist das sogenannte „Tal der Tempel“, eigentlich ein Hochplateau südlich der heutigen Altstadt und tiefer als diese gelegen. Hier befinden sich die archäologischen Stätten von Agrigent, die die Reste der antiken Stadt Akragas zeigen und zu den eindrucksvollsten archäologischen Fundplätzen auf Sizilien gehören. 1997 wurden die archäologischen Stätten von Agrigent von der UNESCO zum Weltkulturerbe erklärt.

Dort befindet sich auch das Archäologische Museum, das Funde der Vor- und Frühgeschichte und der Antike aus der Gegend von Agrigent zeigt.

Außerhalb

Etwa 4 km südlich der Altstadt liegt der Ortsteil San Leone am Meer. Der Ortsteil hat mehrere Strände.

Etwa 2 km westlich der Altstadt kann im Ortsteil Villaseta das Geburtshaus von Luigi Pirandello besichtigt werden. Es wurde 1949 vom italienischen Staat zum Nationalen Denkmal erklärt. Im Inneren finden sich Möbel und persönliche Gegenstände Pirandellis sowie Fotos und die Erstausgaben seiner Bücher.

Feste

Zwischen dem 1. und 2. Sonntag im Februar findet jedes Jahr das Mandelblütenfest *Sagra del Mandorlo* statt. Das Mandelblütenfest entstand 1934 in Naro nach der Idee des Grafen Alfonso Gaetani, um die prachtvolle Blüte zu feiern. Im Jahr 1937 wurde das Fest nach Agrigent in das Tal der Tempel (Valle dei Templi) verlegt und gilt heute als kulturelles Jahresereignis.

Mandelbaum bei Agrigent

Söhne und Töchter

- Polus, Philosoph, 5. Jahrhundert v. Chr.
- Empedokles (etwa 490 v. Chr. bis etwa 430 v. Chr.), Philosoph, Arzt, Politiker, Sühnepriester und Dichter
- Philinos von Akragas, Historiker im 3. Jahrhundert v. Chr.
- Luigi Pirandello (1867–1936), Schriftsteller, Nobelpreisträger für Literatur
- Angelino Alfano (geb. 1970), Politiker
- Rosa Barba (geb. 1972), Filmemacherin und Medienkünstlerin
- Frank Sivero (geb. 1952), Schauspieler

In enger Verbindung zu Agrigent steht Alexander Hardcastle (1872–1933), ein Kapitän der britischen Marine und Amateurarchäologe.

Sonstiges

Agrigent war Austragungsort der UCI-Straßen-Weltmeisterschaften 1994. Bei dieser Weltmeisterschaft wurde erstmals die Disziplin des Einzelzeitfahrens aufgenommen, in der Chris Boardman vor Andrea Chiurato und Jan Ullrich gewann.

Literatur

- Brigit Carnabuci, *Sizilien – Kunstreiseführer*, DuMont Reiseverlag, Ostfildern, 4. Auflage 2006, ISBN 3-7701-4385-X
- Ferruccio Delle Cave, Marta Golin: *Agrigent, das Tal der Tempel. Mit dem archäologischen Museum.* Folio, Wien u. a. 2004, ISBN 3-85256-275-9

Einzelnachweise

[1] http://toolserver.org/~geohack/geohack.php?pagename=Agrigent&language=de¶ms=37.3125_N_13.575_E_dim:10000_region:IT-AG_type:city(59175)
[2] *Statistiche demografiche ISTAT* (http://demo.istat.it/bil2010/index04.html). Bevölkerungsstatistiken des Istituto Nazionale di Statistica vom 31. Dezember 2010.
[3] http://www.comune.agrigento.it

Alessandria_della_Rocca

Alessandria della Rocca	
	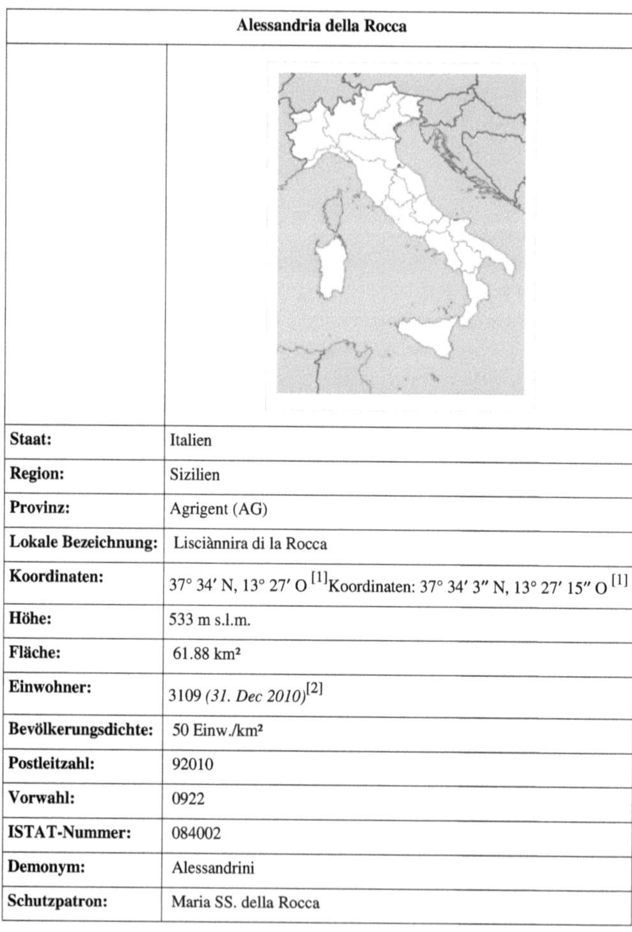
Staat:	Italien
Region:	Sizilien
Provinz:	Agrigent (AG)
Lokale Bezeichnung:	Lisciànnira di la Rocca
Koordinaten:	37° 34′ N, 13° 27′ O [1]Koordinaten: 37° 34′ 3″ N, 13° 27′ 15″ O [1]
Höhe:	533 m s.l.m.
Fläche:	61.88 km²
Einwohner:	3109 *(31. Dec 2010)*[2]
Bevölkerungsdichte:	50 Einw./km²
Postleitzahl:	92010
Vorwahl:	0922
ISTAT-Nummer:	084002
Demonym:	Alessandrini
Schutzpatron:	Maria SS. della Rocca

Alessandria della Rocca ist eine Stadt in der Provinz Agrigent in der Region Sizilien in Italien.

Lage und Daten

Alessandria della Rocca liegt 53 km nördlich von Agrigent auf dem Monti Sicani. Hier wohnen 3109 Einwohner (Stand 31. Dezember 2010), die hauptsächlich in der Landwirtschaft (Getreide, Obst) arbeiten.

Die Nachbargemeinden sind Bivona, Cianciana, San Biagio Platani, Sant'Angelo Muxaro und Santo Stefano Quisquina.

Geschichte

Alessandria della Rocca wurde im Jahre 1570 von Blasco Barresi gegründet. Bis 1862 trug der Ort den Namen Alessandria della Pietra. Der Name stammt von dem Heiligtum Santa Maria della Rocca, welches im 17. Jahrhundert errichtet worden ist.

Sehenswürdigkeiten

Die Stadt hat eine regelmäßige und rechtwinkelige Ausdehnung. Die Sehenswürdigkeiten sind die Pfarrkirche aus dem 17. Jahrhundert, die Santa Maria del Pilar geweiht ist, und das Heiligtum der Santa Maria della Rocca im Süden des Ortes. Am Standort des Heiligtums ist laut Überlieferung im 17. Jahrhundert eine Statue der heiligen Jungfrau gefunden worden.

Einzelnachweise

[1] http://toolserver.org/~geohack/geohack.php?pagename=Alessandria_della_Rocca&language=de¶ms=37.5675_N_13.4541666667_E_dim:10000_region:IT-AG_type:city(3109)

[2] *Statistiche demografiche ISTAT* (http://demo.istat.it/bil2010/index04.html). Bevölkerungsstatistiken des Istituto Nazionale di Statistica vom 31. Dezember 2010.

Weblinks

- Informationen zu Alessandria della Rocca (http://www.alessandriadellarocca.com) (italienisch)

Calamonaci

Calamonaci	
Staat:	Italien
Region:	Sizilien
Provinz:	Agrigent (AG)
Lokale Bezeichnung:	Calamònaci
Koordinaten:	37° 32′ N, 13° 17′ O [1]Koordinaten: 37° 32′ 0″ N, 13° 17′ 0″ O [1]
Höhe:	307 m s.l.m.
Fläche:	32.59 km²
Einwohner:	1387 *(31. Dec 2010)*[2]
Bevölkerungsdichte:	43 Einw./km²
Postleitzahl:	92010
Vorwahl:	0925
ISTAT-Nummer:	084006
Demonym:	Calamonacesi
Schutzpatron:	San Vincenzo Ferreri
Website:	Calamonaci [3]

Calamonaci ist eine Gemeinde in der Provinz Agrigent in der Region Sizilien in Italien mit 1387 Einwohnern (Stand 31. Dezember 2010).

Lage und Daten

Die Gemeinde liegt 50 km nordwestlich von Agrigent und 120 km südlich Palermo. Die Einwohner arbeiten hauptsächlich in der Landwirtschaft und produzieren Getreide, Baumwolle und Wein.

Die Nachbargemeinden sind Bivona, Caltabellotta, Lucca Sicula, Ribera und Villafranca Sicula.

Geschichte

Der Ort wurde im Jahre 1574 gegründet.

Sehenswürdigkeiten

- Pfarrkirche, die ist dem Heiligen San Vincenzo gewidmet
- Rathaus

Einzelnachweise

[1] http://toolserver.org/~geohack/geohack.php?pagename=Calamonaci&language=de¶ms=37.5333333333_N_13.2833333333_E_dim:10000_region:IT-AG_type:city(1387)

[2] *Statistiche demografiche ISTAT* (http://demo.istat.it/bil2010/index04.html). Bevölkerungsstatistiken des Istituto Nazionale di Statistica vom 31. Dezember 2010.

[3] http://www.comune.calamonaci.ag.it/

Castronovo_di_Sicilia

Castronovo di Sicilia	
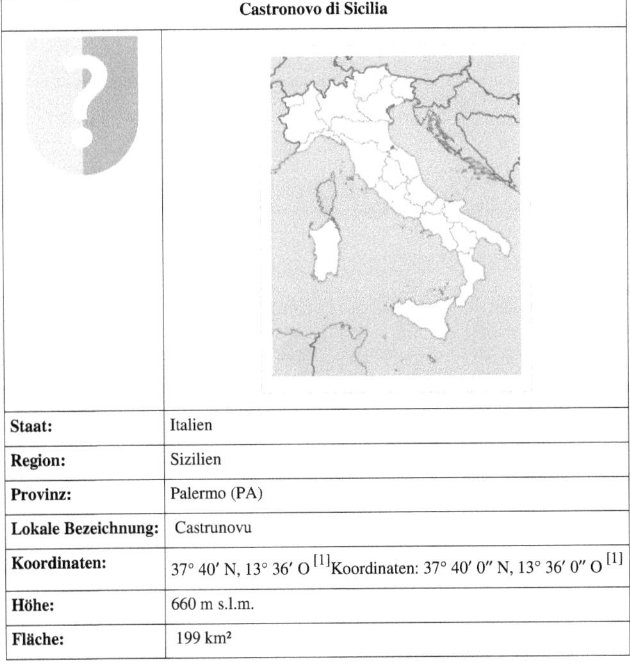	
Staat:	Italien
Region:	Sizilien
Provinz:	Palermo (PA)
Lokale Bezeichnung:	Castrunovu
Koordinaten:	37° 40′ N, 13° 36′ O [1]Koordinaten: 37° 40′ 0″ N, 13° 36′ 0″ O [1]
Höhe:	660 m s.l.m.
Fläche:	199 km²

Einwohner:	3213 *(31. Dec 2010)*[2]
Bevölkerungsdichte:	16 Einw./km²
Postleitzahl:	90030
Vorwahl:	091
ISTAT-Nummer:	082025
Demonym:	Castronovesi
Website:	Castronovo di Sicilia [3]

Castronovo di Sicilia ist eine Stadt der Provinz Palermo in der Region Sizilien in Italien mit 3213 Einwohnern (Stand 31. Dezember 2010).

Lage und Daten

Castronovo di Sicilia liegt 80 km südöstlich von Palermo. Die Einwohner arbeiten hauptsächlich in der Landwirtschaft.

Die Nachbargemeinden sind Alia, Bivona (AG), Cammarata (AG), Lercara Friddi, Palazzo Adriano, Prizzi, Roccapalumba, Santo Stefano Quisquina (AG), Sclafani Bagni und Vallelunga Pratameno (CL).

Geschichte

Das genaue Gründungsjahr ist unbekannt.

Sehenswürdigkeiten

- Kirche Santissima Trinità, erbaut 1404, im 17. Jahrhundert umgebaut
- La Cavalcatta, eine Pferdeschau und das Osterfest
- Ruine auf dem Berg San Vitale, so heißt auch der Schutzheilige des Ortes, im August wird ihm zu Ehren ein großes Fest gefeiert

Weblinks

- Informationen zu Castronovo di Sicilia [4] (italienisch)

Einzelnachweise

[1] http://toolserver.org/~geohack/geohack.php?pagename=Castronovo_di_Sicilia&language=de¶ms=37.6666666667_N_13.6_E_dim:10000_region:IT-PA_type:city(3213)

[2] *Statistiche demografiche ISTAT* (http://demo.istat.it/bil2010/index04.html). Bevölkerungsstatistiken des Istituto Nazionale di Statistica vom 31. Dezember 2010.

[3] http://www.castronuovodisicilia.it/

[4] http://www.palermoweb.com/castronovodisicilia/

Provinz_Palermo

Provinz Palermo	
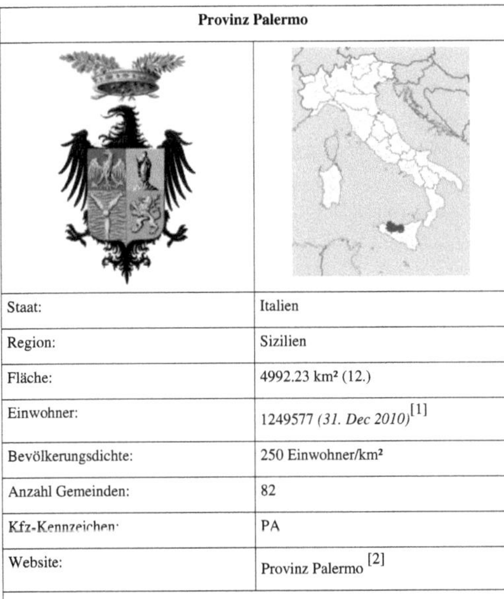	
Staat:	Italien
Region:	Sizilien
Fläche:	4992.23 km² (12.)
Einwohner:	1249577 *(31. Dec 2010)*[1]
Bevölkerungsdichte:	250 Einwohner/km²
Anzahl Gemeinden:	82
Kfz-Kennzeichen:	PA
Website:	Provinz Palermo [2]

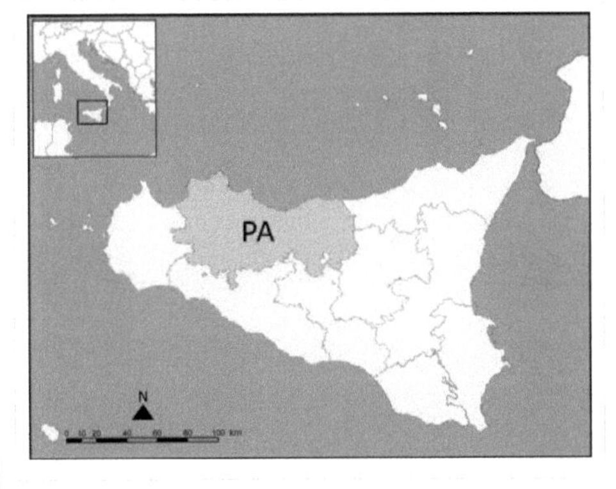

Provinzhauptstadt Palermo

Blick auf Cefalù

Die **Provinz Palermo** (italienisch *Provincia di Palermo*) ist eine der neun Provinzen der Autonomen Region Sizilien der Republik Italien. Hauptstadt der Provinz und zugleich der gesamten Region ist Palermo.

Die größte Provinz Siziliens liegt an der Nordküste am Tyrrhenischen Meer. Im Westen grenzt sie an die Provinz Trapani, im Süden an die Provinz Agrigent und die Provinz Caltanissetta, im Osten an die Provinz Enna und die Provinz Messina.

Die Provinz ist in 82 Gemeinden gegliedert, zu denen auch die Insel Ustica gehört. Auf einer Fläche von 4.992 km² leben Einwohner (Stand 31. Dezember 2010). Ein Großteil der Bevölkerung konzentriert sich auf die Hauptstadt und auf die Küstengebiete.

Touristische Anziehungspunkte sind Palermo, Siziliens größte Stadt, die Städte Monreale und Cefalù sowie die archäologischen Fundstätten Himera und Solunto. Weltweit bekannt wurde die in der Provinz liegende Kleinstadt Corleone durch den Roman Der Pate von Mario Puzo.

Größte Gemeinden

(Stand: 31. Dezember 2010)

Gemeinde	Einwohner
Palermo	
Bagheria	
Monreale	
Carini	
Partinico	
Termini Imerese	
Misilmeri	
Villabate	
Cefalù	

→ Alle Gemeinden

Siehe auch

- Liste der Wappen in der Provinz Palermo

Einzelnachweise

[1] *Statistiche demografiche ISTAT* (http://demo.istat.it/bil2010/index04.html). Bevölkerungsstatistiken des Istituto Nazionale di Statistica vom 31. Dezember 2010.

[2] http://www.provincia.palermo.it/

Cianciana

Cianciana	
Staat:	Italien
Region:	Sizilien
Provinz:	Agrigent (AG)
Lokale Bezeichnung:	Cianciana
Koordinaten:	37° 31′ N, 13° 26′ O [1]Koordinaten: 37° 31′ 0″ N, 13° 26′ 0″ O [1]
Höhe:	390 m s.l.m.
Fläche:	37.71 km²
Einwohner:	3539 *(31. Dec 2010)*[2]
Bevölkerungsdichte:	94 Einw./km²
Postleitzahl:	92012
Vorwahl:	0922
ISTAT-Nummer:	084015
Demonym:	Ciancianesi
Schutzpatron:	Sant'Antonio da Padova
Website:	Cianciana [3]

Cianciana ist eine Stadt in der Provinz Agrigent in der Region Sizilien in Italien mit 3539 Einwohnern (Stand 31. Dezember 2010).

Lage und Daten

Cianciana liegt 44 km nordwestlich von Agrigent. Haupterwerbszweige sind Landwirtschaft und die Gewinnung von Mineralsalzen.

Die Nachbargemeinden sind Alessandria della Rocca, Bivona, Cattolica Eraclea, Ribera und Sant' Angelo Muxaro.

Geschichte

Cianciana wurde im Jahre 1640 gegründet und hatte damals den Namen Sant' Antonio di Cianciana. Nachdem im 19. Jahrhundert in den Nachbarorten Schwefel gefunden wurde, entwickelte sich die Stadt.

Ruine bei Cianciana

Sehenswürdigkeiten

- Pfarrkirche aus dem 17. Jahrhundert
- Joppolo-Palast aus dem 17. Jahrhundert
- Kirche Sant' Antonino

Einzelnachweise

[1] http://toolserver.org/~geohack/geohack.php?pagename=Cianciana&language=de¶ms=37.5166666667_N_13.4333333333_E_dim:10000_region:IT-AG_type:city(3539)

[2] *Statistiche demografiche ISTAT* (http://demo.istat.it/bil2010/index04.html). Bevölkerungsstatistiken des Istituto Nazionale di Statistica vom 31. Dezember 2010.

[3] http://www.comunecianciana.it/

Lucca_Sicula

Lucca Sicula	
Staat:	Italien
Region:	Sizilien
Provinz:	Agrigent (AG)
Lokale Bezeichnung:	Lucca (Sìcula)
Koordinaten:	37° 35′ N, 13° 18′ O [1]Koordinaten: 37° 35′ 0″ N, 13° 18′ 0″ O [1]
Höhe:	513 m s.l.m.
Fläche:	18 km²
Einwohner:	1905 *(31. Dec 2010)*[2]
Bevölkerungsdichte:	106 Einw./km²
Postleitzahl:	92010
Vorwahl:	0925
ISTAT-Nummer:	084022
Demonym:	Lucchesi
Schutzpatron:	Maria SS. Immacolata

Lucca Sicula ist eine Stadt der Provinz Agrigent in der Region Sizilien in Italien.

Lage und Daten

Lucca Sicula liegt 62 Kilometer nordwestlich von Agrigent. Hier wohnen 1905 Einwohner (Stand 31. Dezember 2010), die hauptsächlich in der Landwirtschaft (Getreide, Mandeln, Oliven und Gewürzsumach) arbeiten.

Die Nachbargemeinden sind Bivona, Burgio, Calamonaci, Palazzo Adriano (PA) und Villafranca Sicula.

Geschichte

Der Ort wurde 1622 von Franceso Lucchesi da Campofranco gegründet.

Sehenswürdigkeiten

- Pfarrkirche, erbaut im 17. Jahrhundert
- Kirche SS. Rosario in der gleichnamigen Straße

Einzelnachweise

[1] http://toolserver.org/~geohack/geohack.php?pagename=Lucca_Sicula&language=de¶ms=37.5833333333_N_13.3_E_dim:10000_region:IT-AG_type:city(1905)

[2] *Statistiche demografiche ISTAT* (http://demo.istat.it/bil2010/index04.html). Bevölkerungsstatistiken des Istituto Nazionale di Statistica vom 31. Dezember 2010.

Weblinks

- Informationen zu Lucca Sicula (http://sicilyweb.com/luccasicula/) (italienisch)

Palazzo_Adriano

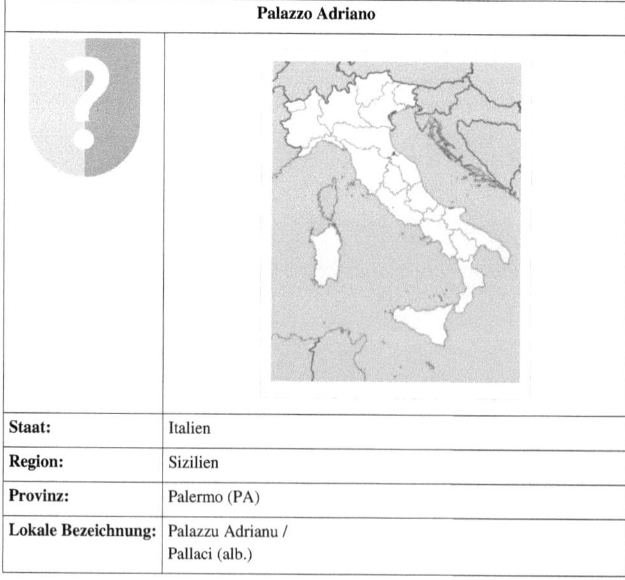

Palazzo Adriano	
Staat:	Italien
Region:	Sizilien
Provinz:	Palermo (PA)
Lokale Bezeichnung:	Palazzu Adrianu / Pallaci (alb.)

Koordinaten:	37° 41′ N, 13° 23′ O [1]Koordinaten: 37° 41′ 0″ N, 13° 23′ 0″ O [1]
Höhe:	696 m s.l.m.
Fläche:	129 km²
Einwohner:	2262 *(31. Dec 2010)*[2]
Bevölkerungsdichte:	18 Einw./km²
Postleitzahl:	90030
Vorwahl:	091
ISTAT-Nummer:	082052
Demonym:	Palazzesi

Palazzo Adriano ist eine Stadt der Provinz Palermo in der Region Sizilien in Italien mit 2262 Einwohnern (Stand 31. Dezember 2010).

Lage und Daten

Palazzo Adriano liegt 98 km südlich der Provinzhauptstadt Palermo. Die Einwohner arbeiten hauptsächlich in der Landwirtschaft. Es gibt ein Krankenhaus, eine Grund- und eine Mittelschule und zwei Kindergärten.

Neben verschiedenen anderen Orten in Sizilien wurde auch in Palazzo Adriano der 1990 oskarpreisgekrönte Film *Cinema Paradiso* von Giuseppe Tornatore gedreht, der den großen Marktplatz „Piazza Umberto I" weltberühmt machte. [3] Der Ort liegt in der Nähe des Naturschutzgebiets *Monti di Palazzo Adriano & Valle del Sosio.*

Die Nachbargemeinden sind Bivona (AG), Burgio (AG), Castronovo di Sicilia, Chiusa Sclafani, Corleone, Lucca Sicula (AG) und Prizzi.

Geschichte

Die Stadt wurde in der zweiten Hälfte des 15. Jahrhundert von kulturell und finanziell reichen, adligen, sich auf der Flucht vor den Türken befindenden, Albanern gegründet.

Sehenswürdigkeiten

- Piazza Umberto I oder Piazza Grande, der Mittelpunkt der Stadt
- Dara-Palast, heute Sitz des Rathauses
- Kirche Santa Maria Assunta erbaut zwischen den 15. und 18. Jahrhundert
- Kirche Santa Maria del Lume aus dem 18. Jahrhundert
- umliegendes Naturschutzgebiet "Monti di Palazzo Adriano & Valle del Sosio"

Einzelnachweise

[1] http://toolserver.org/~geohack/geohack.php?pagename=Palazzo_Adriano&language=de¶ms=37.6833333333_N_13.3833333333_E_dim:10000_region:IT-PA_type:city(2262)
[2] *Statistiche demografiche ISTAT* (http://demo.istat.it/bil2010/index04.html). Bevölkerungsstatistiken des Istituto Nazionale di Statistica vom 31. Dezember 2010.
[3] http://www.imdb.de/title/tt0095765/locations imdb.de: Drehorte für *Cinema Paradiso*

Weblinks

Webseite der Kommune (http://www.comune.palazzoadriano.pa.it/)

Ribera

Ribera	
Staat:	Italien
Region:	Sizilien
Provinz:	Agrigent (AG)
Lokale Bezeichnung:	Ribbera / Rivela
Koordinaten:	37° 30′ N, 13° 16′ O [1]Koordinaten: 37° 30′ 0″ N, 13° 16′ 0″ O [1]
Höhe:	223 m s.l.m.
Fläche:	118.7 km²
Einwohner:	19589 *(31. Dec 2010)*[2]
Bevölkerungsdichte:	165 Einw./km²
Postleitzahl:	92016
Vorwahl:	0925
ISTAT-Nummer:	084033
Demonym:	Riberesi
Schutzpatron:	San Nicola
Website:	Ribera [3]

Ribera ist eine Stadt in der Provinz Agrigent in der Region Sizilien in Italien.

Lage und Daten

Ribera liegt 51 Kilometer nordwestlich von Agrigent. Hier wohnen Einwohner (Stand 31. Dezember 2010), die hauptsächlich in der Landwirtschaft, im Weinanbau und in der Lebensmittelindustrie arbeiten.

Die Nachbargemeinden sind Bivona, Calamonaci, Caltabellotta, Cattolica Eraclea, Cianciana und Sciacca.

Geschichte

Hier stand in der Antike die Stadt Allava. Alte byzantinische Nekropole zeugen davon. 1627 wurde die heutige Stadt von Luigi Guiglielmo Moncada, Fürst von Paternò gegründet. Die Stadt erhielt den Namen von seiner Gattin, der Maria Afan de Ribera.

Sehenswürdigkeiten

Die Pfarrkirche am Piazza Duomo stammt aus dem 18. Jahrhundert. Das Rathaus aus dem 19. Jahrhundert steht am Piazza Duomo. Das Geburtshaus des Politikers Francesco Crispi kann besichtigt werden.

Bedeutende Persönlichkeiten

- Francesco Crispi, ein Politiker der die Geschichte Italiens von 1887 bis 1896 bestimmt hat. Er ist am 4. Oktober 1819 in Ribera geboren.

Einzelnachweise

[1] http://toolserver.org/~geohack/geohack.php?pagename=Ribera&language=de¶ms=37.5_N_13.2666666667_E_dim:10000_region:IT-AG_type:city(19589)

[2] *Statistiche demografiche ISTAT* (http://demo.istat.it/bil2010/index04.html). Bevölkerungsstatistiken des Istituto Nazionale di Statistica vom 31. Dezember 2010.

[3] http://www.comune.ribera.ag.it/

Weblinks

- Offizielle Seite der Gemeinde Ribera (http://www.comune.ribera.ag.it) (italienisch)

Santo_Stefano_Quisquina

Santo Stefano Quisquina	
Staat:	Italien
Region:	Sizilien
Provinz:	Agrigent (AG)
Lokale Bezeichnung:	Santu Stèfanu (Quisquina)
Koordinaten:	37° 38′ N, 13° 30′ O [1]Koordinaten: 37° 37′ 36″ N, 13° 29′ 32″ O [1]
Höhe:	730 m s.l.m.
Fläche:	85.94 km²
Einwohner:	4965 *(31. Dec 2010)*[2]
Bevölkerungsdichte:	58 Einw./km²
Postleitzahl:	92020
Vorwahl:	0922
ISTAT-Nummer:	084040
Demonym:	Stefanesi
Schutzpatron:	Santa Rosalia

Panorama

Santo Stefano Quisquina ist eine Stadt der Provinz Agrigent in der Region Sizilien in Italien.

Lage und Daten

Santo Stefano Quisquina liegt 75 km nördlich von Agrigent. Hier wohnen 4965 Einwohner (Stand 31. Dezember 2010), die hauptsächlich in der Landwirtschaft arbeiten. Im Ort gibt es einige Käsereien, welche die Zubereitung diverser Ricotta-Sorten pflegen, die über Sizilien hinaus Bekanntheit erreicht haben.

In der Nähe des Ortes entspringen der Platani, der Turvoli und der Magazzolo.

Die Nachbargemeinden sind Alessandria della Rocca, Bivona, Cammarata, Casteltermini, Castronovo di Sicilia und San Biagio Platani.

Geschichte

Bereits zu arabischer Zeit hat es hier Siedlungen gegeben. Der heutige Ort entstand Anfang des 14. Jahrhunderts. Den Ursprung des Namens Santo Stefano Quisquina kann man erklären aus dem arabischen koskin, in der Dunkelheit, und dem anliegenden Kloster von Santo Stefano.

Sehenswürdigkeiten

Der Fürstenpalast stammt aus dem Jahr 1745 und liegt an der Piazza Castello. An dem Platz steht ein Brunnen aus dem 18. Jahrhundert. Die Kirche Purgatorio und das Maria-Kolleg liegen an der Via Roma und stammen beide ebenfalls aus dem 18. Jahrhundert. Die Pfarrkirche San Nicolo di Bari wurde im 16. Jahrhundert von Federico Chiaromonte erbaut. Die Apsis zeigt Fresken aus dem 19. Jahrhundert. Neben der Pfarrkirche steht die SS. Sacramento-Kirche und die Francesco de Sales-Kirche. Beide wurden im 18. Jahrhundert gebaut.

Etwa fünf Kilometer entfernt am Monte Quisquina liegt das Kloster Santo Stefano. Es leben dort nur noch wenige Mönche. In den Räumen des Klosters befindet sich heute ein Museum über den Alltag der Fratres früher. Das Kloster kann auf Anfrage besichtigt werden. In der Kirche finden sich Gemälde berühmter Künstler (Philipp Pennino, von den Brüdern Manno, Fred Panepinto, der Brüder Musca) und Fresken.

Daneben liegt die Einsiedelei der Heiligen Rosalia, die hier einige Jahre gelebt haben soll, bevor sie zum Monte Pellegrino ging. In einer Grotte kann man eine Skulptur zu Ehren der Heiligen sehen, die von den Einheimischen auch Santuzza genannt wird.

Feste

Das Fest der Heiligen Rosalia wird am ersten Sonntag des Monats Juni gefeiert, dem St. Calogero wird in der Nacht des 17. Juni bis 18. Juni ein jährliches Fest veranstaltet.

Einzelnachweise

[1] http://toolserver.org/~geohack/geohack.php?pagename=Santo_Stefano_Quisquina&language=de¶ms=37.6266666667_N_13.4922222222_E_dim:10000_region:IT-AG_type:city(4965)

[2] *Statistiche demografiche ISTAT* (http://demo.istat.it/bil2010/index04.html). Bevölkerungsstatistiken des Istituto Nazionale di Statistica vom 31. Dezember 2010.

Weblinks

- Informationen zu Santo Stefano Quisquina (http://www.santostefanoquisquina.net/#) (italienisch, englisch und deutsch)

Sciacca

Sciacca	
Staat:	Italien
Region:	Sizilien
Provinz:	Agrigent (AG)
Lokale Bezeichnung:	Sciacca
Koordinaten:	37° 31′ N, 13° 5′ O [1]Koordinaten: 37° 30′ 33″ N, 13° 5′ 20″ O [1]
Höhe:	60 m s.l.m.
Fläche:	190.98 km²
Einwohner:	41066 *(31. Dec 2010)*[2]
Bevölkerungsdichte:	215 Einw./km²
Postleitzahl:	92019
Vorwahl:	0925
ISTAT-Nummer:	084041
Demonym:	Saccensi, Sciacchitani
Schutzpatron:	Maria SS. del Soccorso
Website:	Sciacca [3]

Sciacca ist eine Hafenstadt und ein Thermalbad am Mittelmeer in der Provinz Agrigent in der Region Sizilien in Italien.

Lage und Daten

Die Hafenstadt Sciacca liegt etwa 50 km nordwestlich der Provinzhauptstadt Agrigent. Die Stadt hat Einwohner (Stand 31. Dezember 2010), die in Industrie, Landwirtschaft und Tourismus (einschließlich Thermalbad) beschäftigt sind.

Sciacca bildet zusammen mit den Gemeinden Menfi, Sambuca di Sicilia und Santa Margherita di Belice eine der bedeutendsten Weinbauregionen Siziliens. Seit 1998 existiert für die Weinberge der Gemeinde mit der "DOC Sciacca" eine eigene kontrollierte Ursprungsbezeichnung für Qualitätswein (Denominazione di origine controllata).

Die Nachbargemeinden sind Caltabellotta, Menfi, Ribera und Sambuca di Sicilia.

Geschichte

Im Osten der Stadt liegt die sikanische Siedlung, diese Siedlung wird Figuli-Siedlung genannt. Die Gegend um Sciacca ist also schon früh besiedelt worden. Schon die Römer kannten die Heilquellen.

Unter der Herrschaft der Araber und der Normannen wuchs die Stadt. Unter den Arabern entstand die heutige Struktur der Altstadt. Zu dieser Zeit wurden auch die Stadtmauer und das Kastell gebaut.

1330 wurden die Stadtmauern und das Kastell unter Friedrich II. von Aragon erneuert. Im 16. Jahrhundert wurden neue Kirchen und Klöster gebaut. Nach dieser Zeit, in der Folge der Fehde (Caso di Sciacca) zwischen der Familie Perollo und den Grafen von Luna, die fast 70 Jahre andauerte, verfiel die Stadt.

Nach dem Zweiten Weltkrieg wurden die heutigen Thermalanlagen gebaut.

Kultur

Sciacca gilt neben Acireale und Termini Imerese als die Karnevalshochburg Siziliens.

Sehenswürdigkeiten

- Das Thermalbad am Monte Kronio und das Thermalbad an der Via Agatocle
- Luna Kastell
- Dom der heiligen Maria Madalena, erbaut im 12. Jahrhundert, die Fassade stammt aus dem 16. Jahrhundert
- Piazza Scandaliato, das Zentrum der Stadt mit dem Rathaus aus dem 17. Jahrhundert
- Monte San Calogero oder auch Monte Kronio genannt, der Berg lieg im Osten der Stadt, es ist die höchste Erhebung im Stadtgebiet

Sciacca Blick auf die Stadt vom Hafen aus (2003)

Söhne und Töchter der Stadt

- Michele Blasco (1628–1685), Maler des Barock
- Mariano Rossi (1731–1807), Maler des Klassizismus
- Matteo Desiderato (1752–1827), Maler des Klassizismus

Einzelnachweise

[1] http://toolserver.org/~geohack/geohack.php?pagename=Sciacca&language=de¶ms=37.5091666667_N_13.0888888889_E_dim:10000_region:IT-AG_type:city(41066)

[2] *Statistiche demografiche ISTAT* (http://demo.istat.it/bil2010/index04.html). Bevölkerungsstatistiken des Istituto Nazionale di Statistica vom 31. Dezember 2010.

[3] http://www.comune.sciacca.ag.it/

Weblinks

- Führer von Sciacca (http://www.guidadisciacca.it/Deutsch/)
- Information zu Sciacca (http://www.sciacca.it/) (italienisch)
- Foto Carnevale di Sciacca (http://www.aliblu.it/sciacca/carnevale/)

Aragona

Aragona	
Staat:	Italien
Region:	Sizilien
Provinz:	Agrigent (AG)
Lokale Bezeichnung:	Araguna / Raona
Koordinaten:	37° 24′ N, 13° 37′ O [1]Koordinaten: 37° 24′ 0″ N, 13° 37′ 0″ O [1]
Höhe:	400 m s.l.m.
Fläche:	74 km²
Einwohner:	9626 *(31. Dec 2010)*[2]
Bevölkerungsdichte:	130 Einw./km²

Postleitzahl:	92021
Vorwahl:	0922
ISTAT-Nummer:	084003
Demonym:	Aragonesi
Schutzpatron:	Madonna del Rosario
Website:	Aragona [3]

Aragona ist eine Stadt der Provinz Agrigent in der Region Sizilien in Italien.

Lage und Daten

Aragona liegt 16 km nördlich von Agrigent im Tal des Flusses Platani. Hier wohnen 9626 Einwohner (Stand 31. Dezember 2010), die hauptsächlich in der Landwirtschaft (Getreide und Obst) arbeiten.

Die Nachbargemeinden sind Agrigent, Campofranco (CL), Casteltermini, Comitini, Favara, Grotte, Joppolo Giancaxio, Sant'Angelo Muxaro und Santa Elisabetta.

Geschichte

Aragona wurde 1606 von Baldassare III. Naselli gegründet. Der Name wurde zu Ehren der Mutter Beatrice Aragona Branciforte gewählt. 1615 wurde an die Familie Naselli der Titel Fürsten von Aragona vergeben.

Sehenswürdigkeiten

Naturschutzgebiet Macalube

Macalube sind kleine Vulkankrater aus denen Methan und Schwefelgas entweicht, wodurch die Luft nach faulen Eiern riecht.

Im Ort

- Fürstenpalast an der Piazza Umberto I. aus dem 17. Jahrhundert. Hier war einst das Rathaus untergebracht, das jetzt in der Via Roma, der zentralen Straße Aragonas, zu finden ist.
- Rosario Kirche an der Piazza Umberto I.
- Pfarrkirche Nostra Signora dei Tre Re

Außerhalb des Ortes

- In der Nähe von Aragona liegt der Ort Fontanazza. Hier wurden die Überreste einer römischen Villa gefunden.
- Salto D'Angio, ein Dorf in der Nähe Aragonas. Von hier hat man einen schönen Ausblick auf die Umgebung.

Einzelnachweise

[1] http://toolserver.org/~geohack/geohack.php?pagename=Aragona&language=de¶ms=37.4_N_13.6166666667_E_dim:10000_region:IT-AG_type:city(9626)

[2] *Statistiche demografiche ISTAT* (http://demo.istat.it/bil2010/index04.html). Bevölkerungsstatistiken des Istituto Nazionale di Statistica vom 31. Dezember 2010.

[3] http://www.comune.aragona.ag.it/

Weblinks

- Offizielle Seite der Gemeinde Aragona (http://www.comune.aragona.ag.it/) (italienisch)

Burgio

Burgio	
	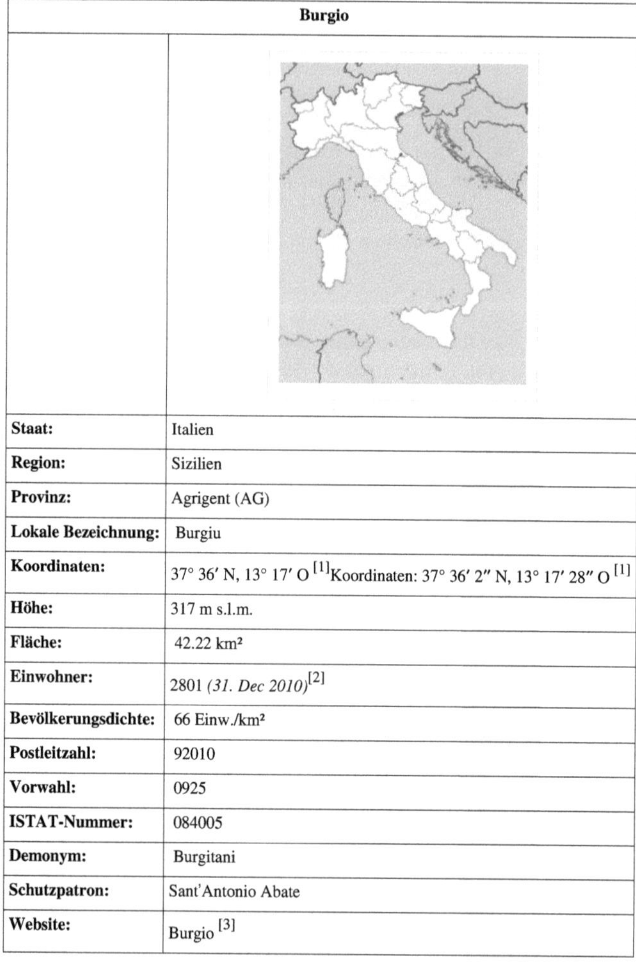
Staat:	Italien
Region:	Sizilien
Provinz:	Agrigent (AG)
Lokale Bezeichnung:	Burgiu
Koordinaten:	37° 36′ N, 13° 17′ O [1]Koordinaten: 37° 36′ 2″ N, 13° 17′ 28″ O [1]
Höhe:	317 m s.l.m.
Fläche:	42.22 km²
Einwohner:	2801 *(31. Dec 2010)*[2]
Bevölkerungsdichte:	66 Einw./km²
Postleitzahl:	92010
Vorwahl:	0925
ISTAT-Nummer:	084005
Demonym:	Burgitani
Schutzpatron:	Sant'Antonio Abate
Website:	Burgio [3]

Burgio ist eine Stadt in der Provinz Agrigent in der Region Sizilien in Italien.

Lage und Daten

Burgio liegt 65 km nordwestlich von Agrigent und 100 km südlich von Palermo. Hier wohnen 2801 Einwohner (Stand 31. Dezember 2010), die hauptsächlich in der Landwirtschaft arbeiten.

Die Nachbargemeinden sind Caltabellotta, Chiusa Sclafani (PA), Lucca Sicula, Palazzo Adriano (PA) und Villafranca Sicula.

Geschichte

Die Araber bauten hier ein Kastell, um das sich die Gemeinde entwickelte. Im Mittelalter erhielt die Gemeinde das typische Bild mit engen Gassen und verwinkelten Straßen.

Sehenswürdigkeiten

Das Kastell wurde von den Arabern erbaut, übernommen von Normannen, und ist seit dem 14. Jahrhundert im Besitz der Familie Peralta. Das Kastell hat einen streng rechtwinkligen Grundriss.

Älteste Kirche ist die unter den Normannen erbaute *Santa Maria di Rifesi* von 1172.

Wichtigstes Werk in der dem Sant'Antonio Abate geweihte *Chiesa Madre* ist die Madonna di Trapani von Vincenzo Gaggini aus dem Jahr 1566. Die aufwändigen Stuckarbeiten schuf Orazio Ferraro di Giuliana. Zu erwähnen ist auch eine byzantinische Ikone und ein Kruzifix, das etwa um 1200 entstanden ist.

Für die *Chiesa San Vito* schuf Antonello Gaggini 1522 eine Skulptur des Titelheiligen

Die 1460 von San Sebastian in *Maria Santissimo del Carmelo* umbenannte Kirche beherbergt eine Statue "Madonna della Pace" und Stuckarbeiten von 1760.

In der *Santa Maria della Grazie* ist eine Skulptur der Santa Anna zu besichtigen, die der Schule Gagginis zugeschrieben ist. Bedeutend ist der an die Kirche angrenzende Kreuzgang aus dem 17.Jh.

Das Gemälde "Sieben Sakramente" Zoppo di Gangi befindet sich in der *Chiesa dei Cappuccini.*

Einzelnachweise

[1] http://toolserver.org/~geohack/geohack.php?pagename=Burgio&language=de¶ms=37.6005555556_N_13.2911111111_E_dim:10000_region:IT-AG_type:city(2801)

[2] *Statistiche demografiche ISTAT* (http://demo.istat.it/bil2010/index04.html). Bevölkerungsstatistiken des Istituto Nazionale di Statistica vom 31. Dezember 2010.

[3] http://www.comune.burgio.ag.it/

Caltabellotta

Caltabellotta	
	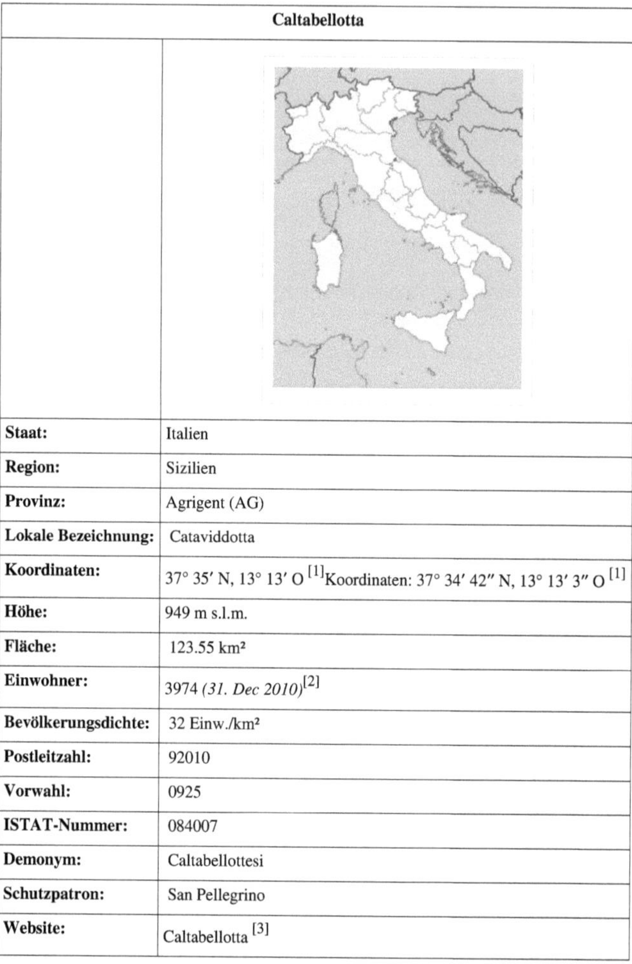
Staat:	Italien
Region:	Sizilien
Provinz:	Agrigent (AG)
Lokale Bezeichnung:	Cataviddotta
Koordinaten:	37° 35′ N, 13° 13′ O [1]Koordinaten: 37° 34′ 42″ N, 13° 13′ 3″ O [1]
Höhe:	949 m s.l.m.
Fläche:	123.55 km²
Einwohner:	3974 *(31. Dec 2010)*[2]
Bevölkerungsdichte:	32 Einw./km²
Postleitzahl:	92010
Vorwahl:	0925
ISTAT-Nummer:	084007
Demonym:	Caltabellottesi
Schutzpatron:	San Pellegrino
Website:	Caltabellotta [3]

Caltabellotta ist eine Gemeinde in der Provinz Agrigent in der Region Sizilien in Italien mit 3974 Einwohnern (Stand 31. Dezember 2010).

Lage und Daten

Caltabellotta

Caltabellotta liegt 63 km nordwestlich von Agrigent in einer Höhe von 949 m. Die Landwirtschaft ist der wichtigste Wirtschaftszweig der Stadt. Produziert werden Oliven, Wein und Zitrusfrüchte.

Die Nachbargemeinden von Caltabellotta sind Bisacquino (PA), Burgio, Calamonaci, Chiusa Sclafani (PA), Giuliana (PA), Ribera, Sambuca di Sicilia, Sciacca und Villafranca Sicula. Der Ortsteil Sant'Anna liegt südöstlich von Caltabellotta.

Geschichte

Hier befand sich im Altertum die sikulische Stadt Triocala. Die Stadt war einer der Hauptplätze der Sklaven. Später wurde die Stadt von Römern zerstört. Die Araber gründeten eine neue Stadt und nannten sie qal'at al baloot (qal'at: arabisch für „Felsen" und „Burg"; Baloot arabisch für die Grüneiche Quercus baloot, einer Unterart der Steineiche). In Caltabellotta wurde am 19. April 1288 der Frieden zwischen den spanischen Aragon und den französischen Anjou geschlossen. Nach der Sizilianischen Vesper, bei der Anjou Sizilien verloren hatte, verzichtete Anjou 1302 im Frieden von Caltabellotta auf Sizilien.

Sehenswürdigkeiten

Piazza Fontana im Ortsteil Sant'Anna

- Die Lage am gleichnamigen Berg
- Kirche San Lorenzo aus dem 16. Jahrhundert, im Inneren befindet sich die Plastik Beweinung Christi von Antonino Ferraro aus dem Jahr 1552
- Kirche Sant' Agostino aus dem 16. Jahrhundert, im Inneren die Plastik Kreuzabnahme von Antonino Ferraro (1552)
- Kirche Madre aus der Normanenzeit, im Inneren eine Madonna von Gagini
- Kastell, hier wurde 1288 der Friedensvertrag von Caltabellotta geschlossen

Einzelnachweise

[1] http://toolserver.org/~geohack/geohack.php?pagename=Caltabellotta&language=de¶ms=37.5783333333_N_13.2175_E_dim:10000_region:IT-AG_type:city(3974)

[2] *Statistiche demografiche ISTAT* (http://demo.istat.it/bil2010/index04.html). Bevölkerungsstatistiken des Istituto Nazionale di Statistica vom 31. Dezember 2010.

[3] http://www.comune.caltabellotta.ag.it/

Weblinks

- Informationen zu Caltabellotta (http://www.caltabellotta.com) (italienisch)

Camastra

Camastra	
Staat:	Italien
Region:	Sizilien
Provinz:	Agrigent (AG)
Lokale Bezeichnung:	Camastra
Koordinaten:	37° 15′ N, 13° 48′ O [1]Koordinaten: 37° 15′ 15″ N, 13° 47′ 35″ O [1]
Höhe:	450 m s.l.m.
Fläche:	16.27 km²
Einwohner:	2076 *(31. Dec 2010)*[2]
Bevölkerungsdichte:	128 Einw./km²
Postleitzahl:	92020
Vorwahl:	0922
ISTAT-Nummer:	084008
Demonym:	Camastresi
Schutzpatron:	San Biagio

Camastra ist eine Stadt der Provinz Agrigent in der Region Sizilien in Italien.

Lage und Daten

Sicht auf Camastra

Camastra liegt 34 km östlich von Agrigent. Hier wohnen 2076 Einwohner (Stand 31. Dezember 2010), die hauptsächlich in der Landwirtschaft arbeiten.

Die Nachbargemeinden sind Licata, Naro und Palma di Montechiaro.

Geschichte

Camastra wurde 1620 von Giacomo Lucchesi gegründet. Der Gründungsname war Ramulia. Der Besitz kam in den Besitz der Familie Lanza.

Sehenswürdigkeiten

Sehenswert ist die moderne Kirche SS.Salvatore am Corso Garibaldi. Auf dem 542 m hohen Berg Castellazzo di Camastra zwischen Camastra und Palma di Montechiaro wurden Spuren von Grabstätten und Siedlungen aus der Steinzeit bis zur griechischen Zeit gefunden. In einigen Gräber wurden Grabbeilagen aus Ton ausgegraben.

Einzelnachweise

[1] http://toolserver.org/~geohack/geohack.php?pagename=Camastra&language=de¶ms=37.2541666667_N_13.7930555556_E_dim:10000_region:IT-AG_type:city(2076)

[2] *Statistiche demografiche ISTAT* (http://demo.istat.it/bil2010/index04.html). Bevölkerungsstatistiken des Istituto Nazionale di Statistica vom 31. Dezember 2010.

Weblinks

- Gemeinde Camastra (http://sicilia.indettaglio.it/ita/comuni/ag/camastra/camastra.html) (italienisch)

Cammarata

Cammarata	
Staat:	Italien
Region:	Sizilien
Provinz:	Agrigent (AG)
Lokale Bezeichnung:	Cammarata
Koordinaten:	37° 38′ N, 13° 38′ O [1]Koordinaten: 37° 37′ 52″ N, 13° 37′ 56″ O [1]
Höhe:	682 m s.l.m.
Fläche:	191.80 km²
Einwohner:	6453 *(31. Dec 2010)*[2]
Bevölkerungsdichte:	34 Einw./km²
Postleitzahl:	92022
Vorwahl:	0922
ISTAT-Nummer:	084009
Demonym:	Cammaratesi
Schutzpatron:	San Nicola da Bari
Website:	Cammarata [3]

Cammarata ist eine Stadt der Provinz Agrigent in der Region Sizilien in Italien.

Lage und Daten

Cammarata liegt 52 km nördlich von Agrigent. Hier wohnen 6453 Einwohner (Stand 31. Dezember 2010), die hauptsächlich in der Industrie (Möbel- und Metallverarbeitung) und der Landwirtschaft arbeiten.

Die Nachbargemeinden sind Acquaviva Platani (CL), Casteltermini, Castronovo di Sicilia (PA), Mussomeli (CL), San Giovanni Gemini, Santo Stefano Quisquina, Vallelunga Pratameno (CL) und Villalba (CL).

Geschichte

Der Ort ist arabischen Ursprungs.

Sehenswürdigkeiten

Die Kirche San Nicola di Bari, erbaut im 12. Jahrhundert, wurde im 17. Jahrhundert renoviert. Sie ist San Nicola di Bari geweiht. Im Inneren befindet sich ein Gemälde der Madonna della Catena. Sehenswert ist die Kirche San Vito. Die Kirche Sant' Annunziata stammt aus dem 14. Jahrhundert. Das alte Schloss ist nur als Ruine erhalten, es sind noch einige Mauern und zwei Türme vorhanden.

Südlich des Ortes liegt der Monte Cammarata (1578 m s.l.m.), der höchste Berg der Monti Sicani.

Einzelnachweise

[1] http://toolserver.org/~geohack/geohack.php?pagename=Cammarata&language=de¶ms=37.6311111111_N_13.6322222222_E_dim:10000_region:IT-AG_type:city(6453)

[2] *Statistiche demografiche ISTAT* (http://demo.istat.it/bil2010/index04.html). Bevölkerungsstatistiken des Istituto Nazionale di Statistica vom 31. Dezember 2010.

[3] http://www.comune.cammarata.ag.it/

Article Sources and Contributors

Bivona *Source*: http://de.wikipedia.org/w/index.php?title=Bivona *Contributors*: Aka, Chleo, Clemensfranz, Emes, Franz Liszt, Gereon K., He3nry, Leppus, Mdangers, Michael Hobi, Nicolas G., Ĝù, 6 anonymous edits

Italien *Source*: http://de.wikipedia.org/w/index.php?title=Italien *Contributors*: 1001, 3ecken1elfer, 4tilden, 5erpool, 9mag, A.Rhein, A.Savin, ABF, ALE!, Aa1bb2cc3dd4ee5, Abc2005, Aclockworkorange, Addicted, Adlei, Agesilaos, Ahoerstemeier, Aineias, Aka, Akkakk, Akkarin, Aktions, Alaska hal, Albinfo, Alcalino565, Alex Anlicker, Alexander Fischer, Allitaly, AlphaCentauri, Andreas S., Angelika Lindner, Anonym001, Antemister, Assaya, Avariel, B.gliwa, BJ Axel, BKSlink, BLueFiSH.as, Bahnmoeller, Bdk, Bear, Ben-Zin, Benedikt2008, Benowar, Bernard Ladenthin, BerndGehrmann, BigGorilla, Birger Fricke, Bjs, Black Smoker, BlackHeart, Blaubahn, Blunt., Bodhi-Baum, Braumoeller73, Breizhatavpilamiks, Brion VIBBER, Bsmuc64, Burgkirsch, Bärski, C.Löser, Callaghan, Callidior, Camul, CapeCod, Capriccio, Carmelo.liberto, Castro1936, Catfisheye, Catrin, CdaMVvWgS, Cepheiden, Chaddy, Chew, Christian140, Chriztopf10, Claudia1220, Clausmoser, Clemensfranz, Common Senser, CommonsDelinker, Complex, Conversion script, Crazy1880, Crux, D, DaDude, Dabbelju, Dachris, Daimon92, Dangermouse, Daniel120, DannyLibre, DarkWulf, David Kostner, David Liuzzo, Decius, Denizli87, Der Zeitreisende, Der eumel, DerHexer, Designed88, Diba, Diefarbeblau, DieterFink, DiomedesTW, Disharmony, Dodo von den Bergen, Dolphin.fra, Domi12345, Don Magnifico, DonLeone, Dr. Anke Wortmann, Dr. Manuel, Draggi, Dresden, Drmamue, Dundak, EKKi, Edroeh, Eingangskontrolle, El., ElRaki, Elian, Emes, Enosch3, Erasmuse, Euku, ExIP, Faber-Castell, Fabio273, Farino, Fedi, Felix Stember, Fetter Ekelbert, FiatLUX, Fierabrás, Filzstift, Firefox13, Fkoch, Flominator, Florian Adler, Florian.Keßler, Focak, Fossa, Frankey25, Frau Holle, Freccia, Freedomsaver, Friedrichheinz, Fritz, Fullhouse, GNosis, Galloramenu, Gan, Gancho, Gary Dee, Geisslr, Gemini123, Generator, Genevare, Geof, GeorgeWStrauch, Gerdt, Gereon K., Gerhardvalentin, Gesichts;-)kontrolle, Giftmischer, Giga-cooperation, Gilliamjf, Gima, Gitte2, GlasiPunk, Gnom, Gnu1742, GoaSkin, Goliath613, GregorHelms, Grindinger, Grummthater, Gugerell, Gugganij, Gum'Mib'Aer, Guntscho, HAL Neuntausend, Haascht, Hadhuey, HaeB, Hanash, Hannes Hirzel, Hannes Röst, Hans-Jürgen Hübner, Hanspeda, Hara1603, Hardenacke, Haring, Harro von Wuff, Hbe1747, Head, Hedwig in Washington, Heinte, HenHei, Herr Klugbeisser, Herrick, HesseTom, High Contrast, Highpriority, Holger I., Holger666, Hoodrat, Horst, Häsk, I Like Their Waters, Ickis, Igelball, Illyrian^Prince, InterEsp, Isaac, Italiano90, Italianoxsempre, Itti, Ixitixel, J budissin, JARU, JCIV, JD, JWBE, Jackalope, Janneman, Janurah, Jashuah, Jcr, Jed, Jelix96, Jergen, Jesusfreund, Jivee Blau, Jlukasw, Johannes XXIII., John Doe, John N., Johnny T, Johnny Yen, Johnny789, Jojo-schmitz, Jonathan Groß, Josh1993, Jperl, JuTa, Judithhh, Juesch, Kaiser Bob, Kam Solusar, Kaneiderdaniel, Karl-Henner, Katimpe, Katpatuka, Kaugummimann, Keigauna, Keimzelle, King, Kiwipferd, Kladson, KleinerEngel, Klio, Koerpertraining, Kolja21, Kolossos, Kreisverkehrsampel, Krischnig, Krun, Kubi, Kuemmjen, Kurt Jansson, Kwerdenker, LKD, Langec, Lanzi, Lear 21, Lehmkuehler, Leipnizkeks, Leoperutz, Lesehexe, Lesod, Leuche, Liesel, LittleJoe, Liuthalas, Logograph, Lombardelli, Lucarelli, Lupíro, Lyzzy, Löschfix, Löwenzahn1, MAK, MARK, Machahn, Maclemo, Madden, Magnummandel, Mainzel3, Manni88, MantisR, Manuel Krüger-Krusche, MarSraM, Martin Nagel, Martin-vogel, MartinThoma, Martinwilke1980, Marzahn, Master Uegly, Matt1971, Matthiasb, MaurizioBochum, Max Plenert, Mecka1, Media lib, Meinkater, Melancholie, Metal, Mghamburg, Mh26, Micha1860, Michail, MightyEagleGER, Mihály, Mnh, Monikastreit, Monsterxxl, Morgenstund, Mps, MrBurns, My Friend, Myself488, NCC1291, Nephelin, Nerdi, Netnet, Neun-x, Neuroca, Ngowatchtransparent, Nico Düsing, Nicor, Niggo911, Nina, Nobody perfect, Nobs, Noclador, Nocturne, Noesel, Nothere, O.Koslowski, Odo2004, Olahus, Ondori, Ossikult.de, Ot, Otberg, Otto Normalverbraucher, Oudeís, Overdose, PCMinator, PIGSgrame, PVB, Panda17, Pappenheim, Patavium, PatriceNeff, Pbous, Pelz, Pendulin, Perrak, Pessottino, Peter von Wesendonk, Peter200, PeterLeoWilhelm, Phasenverschiebung, Philipendula, Philipp Gruber, Pill, Pippo-b, Pit, Pitichinaccio, Pixelfire, Pjotr20, Pohli, PolBer, PolskiNiemiec, Polykarbon, Pracetzy, Pravidam, Primus von Quack, Prissantenbär, Profiteur, Proofreader, PsY.cHo, Purodha, Pyxlyst, Quidestveritas, Quirin, RAFPeterM, RBMK-1500, ROSTAM, Ralfi, Ratzer, Raymond, Rdb, Redf0x, Regi51, Reinhard Kraasch, Renekaemmerer, Reptil, Revvar, Richardfabi, Richie, RickyTheBest, RoBri, Robert Huber, Robert Weemeyer, RobertPorter, Rokwe, Rollo rueckwaerts, Rolz-reus, Rubinstein, Rudolf Pohl, STBR, Sa-se, Sabata, Sabine Valipour, Sallynase, Salva88, Sannaj, Sansculotte, Schaengel89, Schewek, SchirmerPower, Schnargel, SchwabenBoy, Seb1982, Sebastian Huber, Sebs, Sechmet, Seth Cohen, Sewa, Sicherlich, Simpsonsfan2, Sinn, Sisal13, Skriptor, Slartibartfass, Smartissimo, Smial, Sol1, Sosa, Soultcer, Southpark, Spacekid, Spazion, Spitzl, Spuk968, Stahlkocher, Stauba, SteMicha, Stefan Kühn, StefanC, Stefanbw, Steffen, Stephan Brunker, Stephanbim, Stern, Steschke, Stoeoeoe, Streifengrasmaus, Sven-steffen arndt, Svíčková, Sypholux, TB42, TUBS, Taxiarchos228, Temp0001, Terabyte, TheHand, TheK, Thommyk-ms, Tilla, Tim, Times, Timo, Titus, Tobi B., Tobivan, ToddyB, Tokyo, Tom188, TomK32, Tomi, Tr0n2001, Tresckow, Triebtäter, Trifi, Tsui, Turanx, Turischt, Turpino, Tzzzpfff, UHT, UKGB, UW, Ulitz, Ulli Purwin, Ulli1235, Unscheinbar, Userhelp.ch, Uwe Gille, Uwelena, Video2005, Virusteufel, Voland77, Vossi75, Voyager, W!B:, WIKImaniac, WagnerAndreas, WalkerBoh, Wanzo, Wayne stoertz, Webwegweiser, Weisserd, WeißNix, Wertzug, Wiegand, Wiki-observer, Wiki4you, Wikinger86, Willicher, Woertche.Leo, Wohlramsch, Woi, Wolf-Dieter, Wst, Wuffff, Wunderbar, Xabraxas, Xanthohumoliker, Xiglofre, Xmulzencab, XxMSIxx, Zacke, Zebra, Zedda77, Zenit, Zeno Gantner, Ĝù, 835 anonymous edits

Autonome_Region_Sizilien *Source*: http://de.wikipedia.org/w/index.php?title=Autonome_Region_Sizilien *Contributors*: Andres, Bjs, Black Smoker, Chaddy, Clemensfranz, Enzian44, Furfur, Hixteilchen, Huhsunqu, Mai-Sachme, Muck, P-Thiel, Patavium, Pippo-b, Pittimann, Ratzer, Septembermorgen, Sicilianu 93, Syrcro, TUBS, Vonvikken, Zumbo, Århus, Ĝù, 3 anonymous edits

Provinz_Agrigent *Source*: http://de.wikipedia.org/w/index.php?title=Provinz_Agrigent *Contributors*: ANKAWÜ, BerndGehrmann, Bjs, Clemensfranz, Farino, Floriang, Guntscho, Haring, He3nry, High Contrast, Knochen, Lucarelli, Masic, Ondori, Pitichinaccio, Rdb, TUBS, Trifi, 4 anonymous edits

Agrigent *Source*: http://de.wikipedia.org/w/index.php?title=Agrigent *Contributors*: 1001, 2micha, ALE!, Batrox, Bender235, Benowar, BerndGehrmann, Bierdimpfl, Bjs, Br, Carbidfischer, ChikagoDeCuba, Clemensfranz, Decius, Drhayes, Ephraim33, Floriang, G-AniL, Gregor Bert, He3nry, Heinte, Hermannthomas, Hewa, Hunding, Hégésippe Cormier, Jorunn, Kaiser von Europa, Kalima, Kleinergecko, Luestling, Löschfix, M.L, MAY, MRB, Marcl1984, Marcus Cyron, Masic, Matthias Süßen, MichaelHaeckel, Nachtgestalt, Pakeha, Peter200, Pitichinaccio, Ratinger, RicciSpeziari, RobertLechner, Roxanna, Rwild, Saperaud, Septembermorgen, Sinn, Suisui, TableSitter, Ticketautomat, TpB-bOy, Trifi, Ĝù, 29 anonymous edits

Alessandria_della_Rocca *Source*: http://de.wikipedia.org/w/index.php?title=Alessandria_della_Rocca *Contributors*: Andim, Clemensfranz, Florian Huber, Floriang, He3nry, Steamjoe, Ĝù, 1 anonymous edits

Calamonaci *Source*: http://de.wikipedia.org/w/index.php?title=Calamonaci *Contributors*: Clemensfranz, He3nry, Rigadoun, Ĝù

Castronovo_di_Sicilia *Source*: http://de.wikipedia.org/w/index.php?title=Castronovo_di_Sicilia *Contributors*: Clemensfranz, Enzamariac, Erik Warmelink, He3nry, Kickof, Masic, Michael Hobi, Schubbay, Septembermorgen, Ĝù, 5 anonymous edits

Provinz_Palermo *Source*: http://de.wikipedia.org/w/index.php?title=Provinz_Palermo *Contributors*: Alletto, Bjs, Carbidfischer, Clemensfranz, CommonsDelinker, Farino, Formatierungshilfe, Guntscho, High Contrast, Hégésippe Cormier, Knochen, Masic, Monsterxxl, Muck, Ondori, Pitichinaccio, Rainer Lippert, TUBS, Whatnwas, Ĝù, 5 anonymous edits

Cianciana *Source*: http://de.wikipedia.org/w/index.php?title=Cianciana *Contributors*: Chleo, Clemensfranz, HaSee, He3nry, Michael Hobi, Rigadoun, Ĝù, 1 anonymous edits

Lucca_Sicula *Source*: http://de.wikipedia.org/w/index.php?title=Lucca_Sicula *Contributors*: Bjs, Clemensfranz, Emes, He3nry, Leintal, Rigadoun, Ĝù, 2 anonymous edits

Palazzo_Adriano *Source*: http://de.wikipedia.org/w/index.php?title=Palazzo_Adriano *Contributors*: Albinfo, Clemensfranz, HRoestTypo, He3nry, Howwi, Kalima, Michael Hobi, Muck, Regi51, Ĝù, 10 anonymous edits

Ribera *Source*: http://de.wikipedia.org/w/index.php?title=Ribera *Contributors*: AN, Clemensfranz, He3nry, Krd, Lyzzy, Ĝù, 3 anonymous edits

Santo_Stefano_Quisquina *Source*: http://de.wikipedia.org/w/index.php?title=Santo_Stefano_Quisquina *Contributors*: Bjs, Clemensfranz, Grimmi59 rade, He3nry, Kalima, Masic, Michael Hobi, Rigadoun, Ĝù, 3 anonymous edits

Sciacca *Source*: http://de.wikipedia.org/w/index.php?title=Sciacca *Contributors*: Aka, Centic, Clemensfranz, Fuzzy, G. Vornbäumer, Gernot.hueller, Graphikus, He3nry, High Contrast, Kalima, Masic, Palermo2006, Redecke, SubsonicX, Trifi, Villalta, Ĝù, 10 anonymous edits

Aragona *Source*: http://de.wikipedia.org/w/index.php?title=Aragona *Contributors*: Astrobeamer, Baddoxxx, Bjs, Clemensfranz, D, Graphikus, He3nry, Michael Hobi, Th., Ĝù, 6 anonymous edits

Burgio *Source*: http://de.wikipedia.org/w/index.php?title=Burgio *Contributors*: Christein, Clemensfranz, Emes, He3nry, Kazu89, Keuk, Masic, Michael Hobi, Rigadoun, Ĝù, 1 anonymous edits

Caltabellotta *Source*: http://de.wikipedia.org/w/index.php?title=Caltabellotta *Contributors*: Aka, Clemensfranz, Fell, Geher, Greyhawk, HaSee, He3nry, MFM, PaulT, Rigadoun, Roxanna, Th1979, Tresckow, Ĝù, 4 anonymous edits

Camastra *Source*: http://de.wikipedia.org/w/index.php?title=Camastra *Contributors*: Aka, Clemensfranz, Hans Koberger, He3nry, High Contrast, Rigadoun, Ĝù

Cammarata *Source*: http://de.wikipedia.org/w/index.php?title=Cammarata *Contributors*: Clemensfranz, He3nry, Kalima, Masic, My name, Rigadoun, Stefan Kühn, Ĝù, 5 anonymous edits

Image Sources, Licenses and Contributors

Datei:Italy location map.svg *Source*: http://de.wikipedia.org/w/index.php?title=Datei:Italy_location_map.svg *License*: unknown *Contributors*: User:NordNordWest

Bild:Piazza_Centrale_di_Bivona.jpg *Source*: http://de.wikipedia.org/w/index.php?title=Datei:Piazza_Centrale_di_Bivona.jpg *License*: unknown *Contributors*: Evron, Friedrichstrasse, Markos90, Traumrune

Bild:Portale AraboNormanno1.jpg *Source*: http://de.wikipedia.org/w/index.php?title=Datei:Portale_AraboNormanno1.jpg *License*: unknown *Contributors*: Croberto68, Evron, Traumrune

Bild:Bivona's Mountain2.jpg *Source*: http://de.wikipedia.org/w/index.php?title=Datei:Bivona's_Mountain2.jpg *License*: unknown *Contributors*: Evron, Traumrune

Datei:Flag of Italy.svg *Source*: http://de.wikipedia.org/w/index.php?title=Datei:Flag_of_Italy.svg *License*: unknown *Contributors*: see below

Datei:Italy-Emblem.svg *Source*: http://de.wikipedia.org/w/index.php?title=Datei:Italy-Emblem.svg *License*: unknown *Contributors*: User:F l a n k e r

Datei:Italy in the European Union on the globe (Europe centered).svg *Source*: http://de.wikipedia.org/w/index.php?title=Datei:Italy_in_the_European_Union_on_the_globe_(Europe_centered).svg *License*: unknown *Contributors*: TUBS

Datei:Italy topographic map-blank.svg *Source*: http://de.wikipedia.org/w/index.php?title=Datei:Italy_topographic_map-blank.svg *License*: unknown *Contributors*: User:Sting

Datei:Gran Paradiso.jpg *Source*: http://de.wikipedia.org/w/index.php?title=Datei:Gran_Paradiso.jpg *License*: unknown *Contributors*: 667NotB, Bdk, Dcoetzee, Mac9, Mg-k, RedWolf, Remember the dot, 1 anonymous edits

Datei:Benacus creino.jpg *Source*: http://de.wikipedia.org/w/index.php?title=Datei:Benacus_creino.jpg *License*: unknown *Contributors*: User:Ampfinger

Datei:Etna eruption seen from the International Space Station.jpg *Source*: http://de.wikipedia.org/w/index.php?title=Datei:Etna_eruption_seen_from_the_International_Space_Station.jpg *License*: unknown *Contributors*: NASA

Datei:Monte Pollino e Serra del Prete dal contrafforte ovest di Serra delle Ciavole..PNG *Source*: http://de.wikipedia.org/w/index.php?title=Datei:Monte_Pollino_e_Serra_del_Prete_dal_contrafforte_ovest_di_Serra_delle_Ciavole..PNG *License*: unknown *Contributors*: User:Potito m. petrone

Datei:Facade San Giovanni in Laterano 2006-09-07.jpg *Source*: http://de.wikipedia.org/w/index.php?title=Datei:Facade_San_Giovanni_in_Laterano_2006-09-07.jpg *License*: unknown *Contributors*: User:Jastrow

Datei:Carta identita Alto Adige.jpg *Source*: http://de.wikipedia.org/w/index.php?title=Datei:Carta_identita_Alto_Adige.jpg *License*: unknown *Contributors*: Original uploader was Gaspardo85 at it.wikipedia

Datei:Carta identita valledaosta.jpg *Source*: http://de.wikipedia.org/w/index.php?title=Datei:Carta_identita_valledaosta.jpg *License*: unknown *Contributors*: Original uploader was Gaspardo85 at it.wikipedia

Datei:Carta d'identità ita-slo.jpg *Source*: http://de.wikipedia.org/w/index.php?title=Datei:Carta_d'identità_ita-slo.jpg *License*: unknown *Contributors*: Original uploader was Gaspardo85 at it.wikipedia

Datei:Road sign in Friulian.jpg *Source*: http://de.wikipedia.org/w/index.php?title=Datei:Road_sign_in_Friulian.jpg *License*: unknown *Contributors*: Klenje

Datei:Segnaletica bilingue Sardegna.gif *Source*: http://de.wikipedia.org/w/index.php?title=Datei:Segnaletica_bilingue_Sardegna.gif *License*: unknown *Contributors*: User:Dch

Datei:Maschito bilingual.jpg *Source*: http://de.wikipedia.org/w/index.php?title=Datei:Maschito_bilingual.jpg *License*: unknown *Contributors*: User:Pitichinaccio

Datei:20080106Cartello2m.jpg *Source*: http://de.wikipedia.org/w/index.php?title=Datei:20080106Cartello2m.jpg *License*: unknown *Contributors*: User:Paolotacchi

Bild:Flag of Romania.svg *Source*: http://de.wikipedia.org/w/index.php?title=Datei:Flag_of_Romania.svg *License*: unknown *Contributors*: User:AdiJapan

Datei:Flag of Albania.svg *Source*: http://de.wikipedia.org/w/index.php?title=Datei:Flag_of_Albania.svg *License*: unknown *Contributors*: User:Dbenbenn

Datei:Flag of Morocco.svg *Source*: http://de.wikipedia.org/w/index.php?title=Datei:Flag_of_Morocco.svg *License*: unknown *Contributors*: User:Denelson83, User:Zscout370

Datei:Flag of the People's Republic of China.svg *Source*: http://de.wikipedia.org/w/index.php?title=Datei:Flag_of_the_People's_Republic_of_China.svg *License*: unknown *Contributors*: User:Denelson83, User:SKopp, User:Shizhao, User:Zscout370

Datei:Flag of Ukraine.svg *Source*: http://de.wikipedia.org/w/index.php?title=Datei:Flag_of_Ukraine.svg *License*: unknown *Contributors*: User:Jon Harald Søby, User:Zscout370

Datei:Flag of the Philippines.svg *Source*: http://de.wikipedia.org/w/index.php?title=Datei:Flag_of_the_Philippines.svg *License*: unknown *Contributors*: Aira Cutamora

Datei:Flag of Moldova.svg *Source*: http://de.wikipedia.org/w/index.php?title=Datei:Flag_of_Moldova.svg *License*: unknown *Contributors*: User:Nameneko

Datei:Flag of India.svg *Source*: http://de.wikipedia.org/w/index.php?title=Datei:Flag_of_India.svg *License*: unknown *Contributors*: User:SKopp

Datei:Flag_of_Poland.svg *Source*: http://de.wikipedia.org/w/index.php?title=Datei:Flag_of_Poland.svg *License*: unknown *Contributors*: User:Mareklug, User:Wanted

Datei:Flag of Tunisia.svg *Source*: http://de.wikipedia.org/w/index.php?title=Datei:Flag_of_Tunisia.svg *License*: unknown *Contributors*: Alkari, AnonMoos, Avala, Bender235, Duduziq, Elina2308, Emmanuel.boutet, Flad, Fry1989, Gabbe, Juiced lemon, Klemen Kocjancic, Mattes, Meno25, Moumou82, Myself488, Neq00, Nightstallion, Reisio, Str4nd, TFCforever, Ö, Фёдор Гусляров, 9 anonymous edits

Datei:Flag of Macedonia.svg *Source*: http://de.wikipedia.org/w/index.php?title=Datei:Flag_of_Macedonia.svg *License*: unknown *Contributors*: User:Gabbe, User:SKopp

Datei:Flag of Peru.svg *Source*: http://de.wikipedia.org/w/index.php?title=Datei:Flag_of_Peru.svg *License*: unknown *Contributors*: User:Dbenbenn

Datei:Flag of Ecuador.svg *Source*: http://de.wikipedia.org/w/index.php?title=Datei:Flag_of_Ecuador.svg *License*: unknown *Contributors*: President of the Republic of Ecuador, Zscout370

Datei:Flag of Egypt.svg *Source*: http://de.wikipedia.org/w/index.php?title=Datei:Flag_of_Egypt.svg *License*: unknown *Contributors*: Open Clip Art

Datei:Flag of Bangladesh.svg *Source*: http://de.wikipedia.org/w/index.php?title=Datei:Flag_of_Bangladesh.svg *License*: unknown *Contributors*: User:SKopp

Datei:Flag of Sri Lanka.svg *Source*: http://de.wikipedia.org/w/index.php?title=Datei:Flag_of_Sri_Lanka.svg *License*: unknown *Contributors*: Zscout370

Datei:Flag of Senegal.svg *Source*: http://de.wikipedia.org/w/index.php?title=Datei:Flag_of_Senegal.svg *License*: unknown *Contributors*: user:Nightstallion

Datei:Flag of Serbia.svg *Source*: http://de.wikipedia.org/w/index.php?title=Datei:Flag_of_Serbia.svg *License*: unknown *Contributors*: sodipodi.com

Datei:Flag of Montenegro.svg *Source*: http://de.wikipedia.org/w/index.php?title=Datei:Flag_of_Montenegro.svg *License*: unknown *Contributors*: User:B1mbo, User:Froztbyte

Datei:Flag of Kosovo.svg *Source*: http://de.wikipedia.org/w/index.php?title=Datei:Flag_of_Kosovo.svg *License*: unknown *Contributors*: User:Cradel, User:Ningyou

Datei:Flag of Pakistan.svg *Source*: http://de.wikipedia.org/w/index.php?title=Datei:Flag_of_Pakistan.svg *License*: unknown *Contributors*: Zscout370

Bild:Flag of Nigeria.svg *Source*: http://de.wikipedia.org/w/index.php?title=Datei:Flag_of_Nigeria.svg *License*: unknown *Contributors*: User:Jhs

Datei:Italienische Emigration pro Region 1876-1915.svg *Source*: http://de.wikipedia.org/w/index.php?title=Datei:Italienische_Emigration_pro_Region_1876-1915.svg *License*: unknown *Contributors*: User:Master Uegly, User:Otourly, User:Pramzan

Datei:Flag of Argentina.svg *Source*: http://de.wikipedia.org/w/index.php?title=Datei:Flag_of_Argentina.svg *License*: unknown *Contributors*: User:Dbenbenn

Datei:Flag of Germany.svg *Source*: http://de.wikipedia.org/w/index.php?title=Datei:Flag_of_Germany.svg *License*: unknown *Contributors*: User:Madden, User:Pumbaa80, User:SKopp

Datei:Flag of Switzerland within 2to3.svg *Source*: http://de.wikipedia.org/w/index.php?title=Datei:Flag_of_Switzerland_within_2to3.svg *License*: unknown *Contributors*: User:Burts

Datei:Flag of France.svg *Source*: http://de.wikipedia.org/w/index.php?title=Datei:Flag_of_France.svg *License*: unknown *Contributors*: User:SKopp, User:SKopp, User:SKopp, User:SKopp, User:SKopp, User:SKopp

Datei:Flag of Brazil.svg *Source*: http://de.wikipedia.org/w/index.php?title=Datei:Flag_of_Brazil.svg *License*: unknown *Contributors*: Brazilian Government

Datei:Flag of Belgium (civil).svg *Source*: http://de.wikipedia.org/w/index.php?title=Datei:Flag_of_Belgium_(civil).svg *License*: unknown *Contributors*: Bean49, David Descamps, Dbenbenn, Denelson83, Evanc0912, Fry1989, Gabriel trzy, Howcome, Ms2ger, Nightstallion, Oreo Priest, Rocket000, Rodejong, Sir Iain, ThomasPusch, Warddr, Zscout370, 4 anonymous edits

Datei:Flag of the United States.svg *Source*: http://de.wikipedia.org/w/index.php?title=Datei:Flag_of_the_United_States.svg *License*: unknown *Contributors*: User:Dbenbenn, User:Indolences, User:Jacobolus, User:Technion, User:Zscout370

Datei:Flag of the United Kingdom.svg *Source*: http://de.wikipedia.org/w/index.php?title=Datei:Flag_of_the_United_Kingdom.svg *License*: unknown *Contributors*: User:Zscout370

Datei:Flag of Venezuela.svg *Source*: http://de.wikipedia.org/w/index.php?title=Datei:Flag_of_Venezuela.svg *License*: unknown *Contributors*: Alkari, Bastique, Denelson83, DerFussi, Fry1989, George McFinnigan, Herbythyme, Homo lupus, Huhsunqu, Infrogmation, K21edgo, Klemen Kocjancic, Ludger1961, Neq00, Nightstallion, Reisio, Rupert Pupkin, ThomasPusch, Vzb83, Wikisole, Zscout370, 12 anonymous edits

Datei:Flag of Australia.svg *Source*: http://de.wikipedia.org/w/index.php?title=Datei:Flag_of_Australia.svg *License*: unknown *Contributors*: Ian Fieggen

Datei:Flag of Canada.svg *Source*: http://de.wikipedia.org/w/index.php?title=Datei:Flag_of_Canada.svg *License*: unknown *Contributors*: User:E Pluribus Anthony, User:Mzajac

Datei:Flag of Spain.svg *Source*: http://de.wikipedia.org/w/index.php?title=Datei:Flag_of_Spain.svg *License*: unknown *Contributors*: Pedro A. Gracia Fajardo, escudo de Manual de Imagen Institucional de la Administración General del Estado

Datei:Flag of Uruguay.svg *Source*: http://de.wikipedia.org/w/index.php?title=Datei:Flag_of_Uruguay.svg *License*: unknown *Contributors*: Alkari, CommonsDelinker, Fry1989, Homo lupus, Huhsunqu, Kineto007, Klemen Kocjancic, Kookaburra, Lorakesz, Mattes, Neq00, Nightstallion, Pumbaa80, Reisio, ThomasPusch, Zscout370, , 7 anonymous edits

Datei:Flag of Chile.svg *Source*: http://de.wikipedia.org/w/index.php?title=Datei:Flag_of_Chile.svg *License*: unknown *Contributors*: User:SKopp

Bild:Flag of the Netherlands.svg *Source*: http://de.wikipedia.org/w/index.php?title=Datei:Flag_of_the_Netherlands.svg *License*: unknown *Contributors*: User:Zscout370

Datei:Italy 1494 shepherd.jpg *Source*: http://de.wikipedia.org/w/index.php?title=Datei:Italy_1494_shepherd.jpg *License*: unknown *Contributors*: Briangotts, Flamarande, G.dallorto, Geagea, Harmil, Trasamundo, 4 anonymous edits

Datei:Kingdom of Italy 1919 map.svg *Source*: http://de.wikipedia.org/w/index.php?title=Datei:Kingdom_of_Italy_1919_map.svg *License*: unknown *Contributors*: User:F l a n k e r

Datei:Italie par régions sans noms.svg *Source*: http://de.wikipedia.org/w/index.php?title=Datei:Italie_par_régions_sans_noms.svg *License*: unknown *Contributors*: User:Otourly

Datei:Tessera sanitaria.png *Source*: http://de.wikipedia.org/w/index.php?title=Datei:Tessera_sanitaria.png *License*: unknown *Contributors*: User:Balfabio

Datei:Alfa-Romeo159-Carabinieri-di-Roma.JPG *Source*: http://de.wikipedia.org/w/index.php?title=Datei:Alfa-Romeo159-Carabinieri-di-Roma.JPG *License*: unknown *Contributors*: Rundvald

Datei:Langfristige Zinssätze.png *Source*: http://de.wikipedia.org/w/index.php?title=Datei:Langfristige_Zinssätze.png *License*: unknown *Contributors*: User:Spitzl

Datei:Euro accession.svg *Source*: http://de.wikipedia.org/w/index.php?title=Datei:Euro_accession.svg *License*: unknown *Contributors*: User:Miraceti

Datei:Italienische Energieproduktion seit 1950.png *Source*: http://de.wikipedia.org/w/index.php?title=Datei:Italienische_Energieproduktion_seit_1950.png *License*: unknown *Contributors*: Wikipedia.it

Datei:Monti - via Nazionale Palazzo Koch 1000117.JPG *Source*: http://de.wikipedia.org/w/index.php?title=Datei:Monti_-_via_Nazionale_Palazzo_Koch_1000117.JPG *License*: unknown *Contributors*: AnRo0002, Anime Addict AA, J o, Lalupa, Александр Мотин

Datei:Rete autostradale italiana.svg *Source*: http://de.wikipedia.org/w/index.php?title=Datei:Rete_autostradale_italiana.svg *License*: unknown *Contributors*: ColdShine, Gigillo83, Lucafl, Meddlin' Pedant, Xander89, 7 anonymous edits

Datei:Naples, Central station, gorgeous long-distance train.jpg *Source*: http://de.wikipedia.org/w/index.php?title=Datei:Naples,_Central_station,_gorgeous_long-distance_train.jpg *License*: unknown *Contributors*: Mikhail (Vokabre) Shcherbakov

Datei:Panorma di Genova (porto).jpg *Source*: http://de.wikipedia.org/w/index.php?title=Datei:Panorma_di_Genova_(porto).jpg *License*: unknown *Contributors*: User:Oliver

Datei:Rom Fiumicino 06.jpg *Source*: http://de.wikipedia.org/w/index.php?title=Datei:Rom_Fiumicino_06.jpg *License*: unknown *Contributors*: User:Raboe001

Datei:Palazzo Carovana Pisa.jpg *Source*: http://de.wikipedia.org/w/index.php?title=Datei:Palazzo_Carovana_Pisa.jpg *License*: unknown *Contributors*: User:Lucarelli

Datei:La Gazzetta dello Sport.jpg *Source*: http://de.wikipedia.org/w/index.php?title=Datei:La_Gazzetta_dello_Sport.jpg *License*: unknown *Contributors*: ChrisiPK, Disposable.Heroes, G.dallorto, Ies, Jkk, Jonkerz, Lobo

Datei:Torre Mediaset.png *Source*: http://de.wikipedia.org/w/index.php?title=Datei:Torre_Mediaset.png *License*: unknown *Contributors*: Original uploader was Matwy at it.wikipedia

Datei:MotoGP 2011 Malaysia Test 1.jpg *Source*: http://de.wikipedia.org/w/index.php?title=Datei:MotoGP_2011_Malaysia_Test_1.jpg *License*: unknown *Contributors*: Fizal's Photography

Datei:Pisa tower.jpg *Source*: http://de.wikipedia.org/w/index.php?title=Datei:Pisa_tower.jpg *License*: unknown *Contributors*: FlickrLickr, FlickreviewR, G.dallorto, Mac9, Mcbruhn, Para, Ronaldino, Wikipeder, 1 anonymous edits

Datei:Dante Büste.jpg *Source*: http://de.wikipedia.org/w/index.php?title=Datei:Dante_Büste.jpg *License*: unknown *Contributors*: Akkakk, Zeno Gantner, Zerohund

Datei:Verdi.jpg *Source*: http://de.wikipedia.org/w/index.php?title=Datei:Verdi.jpg *License*: unknown *Contributors*: AndreasPraefcke, Delimata, Frenezulo, G.dallorto, Interpretix, Kneiphof, Lumijaguaari, Manuel Anastácio, Matteo mondelli, Mattes, Mmm448, Papa Lima Whiskey, Shakko, Shizhao, Teofilo, אמסיפה123

Datei:Federico Fellini NYWTS 2.jpg *Source*: http://de.wikipedia.org/w/index.php?title=Datei:Federico_Fellini_NYWTS_2.jpg *License*: unknown *Contributors*: Walter Albertin, World Telegram staff photographer

Datei:Justus Sustermans - Portrait of Galileo Galilei, 1636.jpg *Source*: http://de.wikipedia.org/w/index.php?title=Datei:Justus_Sustermans_-_Portrait_of_Galileo_Galilei,_1636.jpg *License*: unknown *Contributors*: Alno, Dmitry Rozhkov, G.dallorto, Lupo, Meno25, Myself488, Phrood, Ragesoss, Sercan.ergün, Shakko, Wutsje, 15 anonymous edits

Datei:Eq it-na pizza-margherita sep2005 sml.jpg *Source*: http://de.wikipedia.org/w/index.php?title=Datei:Eq_it-na_pizza-margherita_sep2005_sml.jpg *License*: unknown *Contributors*: ElfQrin (Valerio Capello)

Bild:Coat of arms of Sicily.svg *Source*: http://de.wikipedia.org/w/index.php?title=Datei:Coat_of_arms_of_Sicily.svg *License*: unknown *Contributors*: User:Angelo.romano

Bild:Flag of Sicily.svg *Source*: http://de.wikipedia.org/w/index.php?title=Datei:Flag_of_Sicily.svg *License*: unknown *Contributors*: User:Angelo.romano

Bild:Sicily in Italy.svg *Source*: http://de.wikipedia.org/w/index.php?title=Datei:Sicily_in_Italy.svg *License*: unknown *Contributors*: DenghiùComm, TUBS

Datei:Sala Ercole.JPG *Source*: http://de.wikipedia.org/w/index.php?title=Datei:Sala_Ercole.JPG *License*: unknown *Contributors*: User:Giuseppe ME

Datei:Raffaelelombardo.jpg *Source*: http://de.wikipedia.org/w/index.php?title=Datei:Raffaelelombardo.jpg *License*: unknown *Contributors*: .

Datei:Movimento per l'Autonomia.png *Source*: http://de.wikipedia.org/w/index.php?title=Datei:Movimento_per_l'Autonomia.png *License*: unknown *Contributors*: Marius Gancher, Pippo-b

Datei:Map of region of Sicily, Italy, with provinces-de.svg *Source*: http://de.wikipedia.org/w/index.php?title=Datei:Map_of_region_of_Sicily,_Italy,_with_provinces-de.svg *License*: unknown *Contributors*: User:Vonvikken

Datei:Map of province of Agrigento (region Sicily, Italy).svg *Source*: http://de.wikipedia.org/w/index.php?title=Datei:Map_of_province_of_Agrigento_(region_Sicily,_Italy).svg *License*: unknown *Contributors*: User:Vonvikken

Datei:Map of province of Caltanissetta (region Sicily, Italy).svg *Source*: http://de.wikipedia.org/w/index.php?title=Datei:Map_of_province_of_Caltanissetta_(region_Sicily,_Italy).svg *License*: unknown *Contributors*: User:Vonvikken

Datei:Map of province of Catania (region Sicily, Italy).svg *Source*: http://de.wikipedia.org/w/index.php?title=Datei:Map_of_province_of_Catania_(region_Sicily,_Italy).svg *License*: unknown *Contributors*: User:Vonvikken

Datei:Map of province of Enna (region Sicily, Italy).svg *Source*: http://de.wikipedia.org/w/index.php?title=Datei:Map_of_province_of_Enna_(region_Sicily,_Italy).svg *License*: unknown *Contributors*: User:Vonvikken

Datei:Map of province of Messina (region Sicily, Italy).svg *Source*: http://de.wikipedia.org/w/index.php?title=Datei:Map_of_province_of_Messina_(region_Sicily,_Italy).svg *License*: unknown *Contributors*: User:Vonvikken

Datei:Map of province of Palermo (region Sicily, Italy).svg *Source*: http://de.wikipedia.org/w/index.php?title=Datei:Map_of_province_of_Palermo_(region_Sicily,_Italy).svg *License*: unknown *Contributors*: User:Vonvikken

Datei:Map of province of Ragusa (region Sicily, Italy).svg *Source*: http://de.wikipedia.org/w/index.php?title=Datei:Map_of_province_of_Ragusa_(region_Sicily,_Italy).svg *License*: unknown *Contributors*: User:Vonvikken

Datei:Map of province of Syracuse (region Sicily, Italy).svg *Source*: http://de.wikipedia.org/w/index.php?title=Datei:Map_of_province_of_Syracuse_(region_Sicily,_Italy).svg *License*: unknown *Contributors*: User:Vonvikken

Datei:Map of province of Trapani (region Sicily, Italy).svg *Source*: http://de.wikipedia.org/w/index.php?title=Datei:Map_of_province_of_Trapani_(region_Sicily,_Italy).svg *License*: unknown *Contributors*: User:Vonvikken

Datei:Flag of Sicily.svg *Source*: http://de.wikipedia.org/w/index.php?title=Datei:Flag_of_Sicily.svg *License*: unknown *Contributors*: User:Angelo.romano

Datei:Provincia di Agrigento-Stemma.png *Source*: http://de.wikipedia.org/w/index.php?title=Datei:Provincia_di_Agrigento-Stemma.png *License*: unknown *Contributors*: Chemiewikibm, Janurah

Datei:Agrigento in Italy.svg *Source*: http://de.wikipedia.org/w/index.php?title=Datei:Agrigento_in_Italy.svg *License*: unknown *Contributors*: TUBS

Datei:Province_of_Agrigento_map-bjs.png *Source*: http://de.wikipedia.org/w/index.php?title=Datei:Province_of_Agrigento_map-bjs.png *License*: unknown *Contributors*: User:Bjs, User:NormanEinstein

Datei:Concordiatempelagrigent3 retouched.jpg *Source*: http://de.wikipedia.org/w/index.php?title=Datei:Concordiatempelagrigent3_retouched.jpg *License*: unknown *Contributors*: pixelfehler

Datei:Agrigento Heiligtum der chthonischen Gottheiten.jpg *Source*: http://de.wikipedia.org/w/index.php?title=Datei:Agrigento_Heiligtum_der_chthonischen_Gottheiten.jpg *License*: unknown *Contributors*: Clemensfranz

Datei:Agrigente_temple_herakles.jpg *Source*: http://de.wikipedia.org/w/index.php?title=Datei:Agrigente_temple_herakles.jpg *License*: unknown *Contributors*: Bibi Saint-Pol, G.dallorto, Mac9, Urban, 1 anonymous edits

Datei:Agrigento Duomo.jpg *Source*: http://de.wikipedia.org/w/index.php?title=Datei:Agrigento_Duomo.jpg *License*: unknown *Contributors*: Pitichinaccio

Datei:Agrigente_San_Lorenzo.jpg *Source*: http://de.wikipedia.org/w/index.php?title=Datei:Agrigente_San_Lorenzo.jpg *License*: unknown *Contributors*: AnRo0002, Cruccone, G.dallorto, Luigi Chiesa, Mac9, Pko, Samuele Piazza, Urban, Xenophon

Datei:Mandelbaum bei Agrigent.jpg *Source*: http://de.wikipedia.org/w/index.php?title=Datei:Mandelbaum_bei_Agrigent.jpg *License*: unknown *Contributors*: author is Kalima, uploaded by Tafkas

Datei:Coats of arms of None.svg *Source*: http://de.wikipedia.org/w/index.php?title=Datei:Coats_of_arms_of_None.svg *License*: unknown *Contributors*: User:Huhsunqu, User:TM

Datei:Provincia di Palermo-Stemma.png *Source*: http://de.wikipedia.org/w/index.php?title=Datei:Provincia_di_Palermo-Stemma.png *License*: unknown *Contributors*: Janurah, JuTa

Datei:Palermo in Italy.svg *Source*: http://de.wikipedia.org/w/index.php?title=Datei:Palermo_in_Italy.svg *License*: unknown *Contributors*: TUBS

Datei:Province of Palermo map-bjs.png *Source*: http://de.wikipedia.org/w/index.php?title=Datei:Province_of_Palermo_map-bjs.png *License*: unknown *Contributors*: User:Bjs, User:NormanEinstein

Datei: Palermo-Panorama-bjs-3.jpg *Source*: http://de.wikipedia.org/w/index.php?title=Datei:Palermo-Panorama-bjs-3.jpg *License*: unknown *Contributors*: User:Bjs

Datei: Cefalu-bjs2007-01.jpg *Source*: http://de.wikipedia.org/w/index.php?title=Datei:Cefalu-bjs2007-01.jpg *License*: unknown *Contributors*: User:Bjs

Datei:Zolfare- G. La Corte (2).jpg *Source*: http://de.wikipedia.org/w/index.php?title=Datei:Zolfare-_G._La_Corte_(2).jpg *License*: unknown *Contributors*: User:Pinin)AG(

Datei:Santostefanoquisquina.jpg *Source*: http://de.wikipedia.org/w/index.php?title=Datei:Santostefanoquisquina.jpg *License*: unknown *Contributors*: User:Markos90

Datei:Sciacca1.jpg *Source*: http://de.wikipedia.org/w/index.php?title=Datei:Sciacca1.jpg *License*: unknown *Contributors*: G.dallorto, Lalupa, Redecke

Datei:Caltabellotta_Stadt.jpg *Source*: http://de.wikipedia.org/w/index.php?title=Datei:Caltabellotta_Stadt.jpg *License*: unknown *Contributors*: Clemensfranz

Datei:Caltabellotta Platz.jpg *Source*: http://de.wikipedia.org/w/index.php?title=Datei:Caltabellotta_Platz.jpg *License*: unknown *Contributors*: Clemensfranz

Datei:PanCamastra.jpg *Source*: http://de.wikipedia.org/w/index.php?title=Datei:PanCamastra.jpg *License*: unknown *Contributors*: Mac9

Printed by Books on Demand GmbH, Norderstedt / Germany